艾丁湖流域河–湖–地下水耦合模拟模型及应用

陆垂裕 吴 初 曹国亮 严聆嘉等 著

科学出版社

北京

内 容 简 介

本书在分析总结艾丁湖流域地下水开发利用、生态功能保护以及地表–地下水耦合模拟模型研究成果的基础上，系统研究了艾丁湖流域地下水水量–水位双控目标，研发了地下水–季节性河流–湖泊耦合模型，构建了艾丁湖流域河–湖–地下水耦合模拟模型，分析了流域现状地下水水量平衡及生态效应。根据流域地下水总量控制及超采治理方案，模拟了关键生态指标变化及地下水生态效应情况。在地下水水量–水位双控目标下，研究提出了流域退耕减采、外调水源及两者相结合的水资源合理开发方案。

本书可供从事地下水保护与管理、地下水模拟模型工作相关的科研人员、技术人员、管理者参考使用，也可供相关专业本科生与研究生参考阅读。

图书在版编目（CIP）数据

艾丁湖流域河–湖–地下水耦合模拟模型及应用/陆垂裕等著 . —北京：科学出版社，2023.4

ISBN 978-7-03-073892-9

Ⅰ.①艾⋯ Ⅱ.①陆⋯ Ⅲ.①湖泊–流域–地下水资源–耦合–研究–吐鲁番市 Ⅳ.①P641.8

中国版本图书馆 CIP 数据核字（2022）第 228062 号

责任编辑：王 倩 / 责任校对：杜子昂
责任印制：吴兆东 / 封面设计：无极书装

科学出版社 出版

北京东黄城根北街 16 号
邮政编码：100717
http://www.sciencep.com

北京建宏印刷有限公司 印刷

科学出版社发行 各地新华书店经销

*

2023 年 4 月第 一 版 开本：720×1000 1/16
2023 年 4 月第一次印刷 印张：10 1/4
字数：250 000

定价：158.00 元

（如有印装质量问题，我社负责调换）

前　言

　　近些年来，我国西北干旱内陆盆地剧烈人类活动导致地下水水文过程发生改变，使得与之休戚相关的绿洲和荒漠植被系统因缺水而退化乃至消亡，生态环境严重恶化。艾丁湖流域水资源利用程度高，强人类活动致使艾丁湖生态区入湖水量不断减少，湖面萎缩；地下水超采严重，坎儿井逐步消亡，泉水衰竭。艾丁湖流域地下水补给主要来自盆地周边高山融雪形成的河流渗漏。盆地内部地下水、人工绿洲、生态植被、尾间湖泊之间水分转化利用关系复杂、交互作用强烈。为了更好地开展艾丁湖流域地下水合理开发利用与生态保护阈值和方案研究，本书自主开发了适用于干旱区盆地的河-湖-地下水耦合模拟模型（COMUS），实现了艾丁湖流域"出山河流入渗—渠系引水渗漏—绿洲灌溉回归—泉水出流—泉集河汇流—坎儿井开采—机井开采—湖泊耗水—生态植被耗水"等全链条地下水文过程模拟。本书在分析艾丁湖流域地下水资源开发利用现状格局、综合地下水资源供给功能和生态维持功能区域特征调查、干旱区绿洲湿地退化与地下水开发利用之间关系研究、干旱区绿洲湿地对地下水生态功能退变响应特征识别与评价成果的基础上，借助 COMUS 模型模拟研究现状和规划地下水资源开发对地下水影响及其生态效应，分区域提出生态地下水位，提出艾丁湖入湖生态需水量，提出建立不同功能区地下水开发利用与生态功能保护的水量-水位双控临界指标体系，提出符合"三条红线"要求的干旱生态脆弱区地下水合理开发利用与生态功能保护技术方案，为地方政府部门的决策提供科学依据。此外，自主研发的 COMUS 模型入选《2021 年度水利先进实用技术重点推广指导目录》，适用于其他类似干旱区的河-湖-地下水耦合模拟模型研究。

　　本书得到国家重点研发计划"我国西北特殊地貌区地下水开发利用与生态功能保护"项目"艾丁湖流域地下水合理开发及生态功能保护研究与示范"课题（2017YFC0406102）的资助。

　　限于作者水平，书中不足之处在所难免，敬请广大读者不吝批评指正。

作　者
2022 年 6 月

目　　录

第1章 | 艾丁湖流域地下水概况

1.1 艾丁湖流域基本水文情况

艾丁湖流域主要涉及吐鲁番地区,艾丁湖位于吐鲁番盆地最低处,是典型的干旱区内陆湖泊。艾丁湖又称"觉洛浣",地处 89°10′~89°40′E,42°32′~42°43′N。目前湖盆底海拔-154.4m,是我国最低洼地,也是世界第二低地。艾丁湖是吐鲁番水系的尾闾湖泊以及地下水的基准排泄点。湖泊沉积物分析显示,艾丁湖在上新世末已存在,为淡水湖。中更新世以来,由淡水湖渐变成盐水湖,全新世以来湖泊面积进一步缩小。艾丁湖所在的吐鲁番盆地深处内陆,6~8 月平均气温在 38℃以上,年均降水量为 16.6mm,但蒸发量极大,再加上上游引水灌溉截取了入湖河流径流,艾丁湖水面不断缩小。据清代宣统元年(1909 年)刊布的《大清舆图》测算,艾丁湖面积为 230km²。据地形图测算,20 世纪 40 年代艾丁湖面积约为 150km²,1958 年航片资料显示湖面缩小为 22km²,1978 年夏季,仅西部有水,面积为 5km²,东部已干涸,艾丁湖演变成季节性湖泊。艾丁湖湖泊面积萎缩,流域土地沙化面积增加,沙尘暴肆虐,沙尘中含有的大量盐分(盐尘)加速了天山博格达山峰及东天山冰川的退缩,对下游的乌鲁木齐市和吐鲁番盆地的水资源产生巨大影响。

艾丁湖河水补给主要来自西部喀拉乌成山 42 条现代冰川融水汇流形成的阿拉沟河和北部博格达山南坡 183 条现代冰川融水汇流形成的白杨沟河、大河沿沟河、塔尔朗沟河等 7 条河流,以及盆地北沿涌出的天山雪水潜流。一般认为新疆盐湖除地表水补给外也可能存在地下水补给,地下水补给盐湖主要有两种形式:一种是地下水在湖边溢出成泉,泉水随即流入湖中;另一种是承压自流水,分布在湖周围甚至湖中心。盐湖中心承压水头往往最高,是大多数盐湖的重要补给水源。靠近艾丁湖周围目前没有地下水观测井,但艾丁湖以西存在泉水溢出和承压自流水分布区,托克逊县城内有深层承压自流水,□□□□连区域内存在承压自流水,据此推断艾丁湖中心应存在承压自流水。

1.2 艾丁湖流域水资源及地下水开发基本情况

1.2.1 水利工程建设情况

（1）水库工程。截至 2019 年底，吐鲁番盆地已建成水库 13 座，设计总库容 9922.66 万 m³（表 1-1），其中高昌区 7 座（中型水库 1 座），设计总库容 2154.06 万 m³；鄯善县 4 座（中型水库 2 座），设计总库容 2279.6 万 m³；托克逊县 2 座（中型水库 1 座），设计总库容 5489 万 m³。在建水库 4 座，设计总库容 8735 万 m³，其中高昌区 1 座，鄯善县 2 座，托克逊县 1 座。

表 1-1　吐鲁番盆地已建水库一览表

县（区）名称	水库名称	所在位置	最大坝高（m）	设计库容（万 m³）	水库规模	建成时间
高昌区	葡萄沟水库	葡萄镇	38	1100	中型	1976 年
	雅尔乃孜水库	亚尔镇	28	463	小（Ⅰ）型	1998 年
	胜金台水库	胜金乡	11.2	118.66	小（Ⅰ）型	1960 年
	胜金口水库	胜金乡	12.2	182	小（Ⅰ）型	1954 年
	洋沙水库	葡萄镇	11.95	110.4	小（Ⅰ）型	1976 年
	上游水库	亚尔镇	10.6	72	小（Ⅱ）型	1976 年
	大墩水库	艾丁湖镇	4	108	小（Ⅰ）型	1961 年
鄯善县	柯柯亚水库	柯柯亚河出山口	41.5	1052	中型	1985 年
	坎尔其水库	坎尔其河出山口	51.3	1180	中型	2001 年
	连木沁镇八大队水库	连木沁镇	8	23.71	小（Ⅱ）型	1982 年
	连木沁镇十大队水库	连木沁镇	5.5	23.89	小（Ⅱ）型	1981 年
托克逊县	红山水库	克尔碱镇	无坝	5350	中型	1979 年
	托台水库	夏镇	6	139	小（Ⅰ）型	1967 年
合计				9922.66		

注：水库规模通常按库容大小划分，总库容 1000 万 ~ 1 亿 m³，为中型水库；总库容 100 万 ~ 1000 万 m³，为小（Ⅰ）型水库；总库容 10 万 ~ 100 万 m³，为小（Ⅱ）型水库。

（2）渠首工程。截至 2019 年底，全地区已建渠首 18 座，控灌面积 117.88 万亩①，其中吐鲁番市 6 座，控灌面积 46 万亩；鄯善县 3 座，控灌面积 27.88 万亩；托克逊县 9 座，控灌面积 44 万亩，详见表 1-2。

表 1-2　各县（区）河流引水渠首一览表

县（区）名称	渠首工程	所在位置	设计引水流量（m³/s）	控灌面积（万亩）
高昌区	红星渠首	大河沿河沟	4.00	4.00
	塔尔朗渠首	塔尔朗河中段	15.00	10.00
	人民渠首	煤窑沟河中段	20.00	22.00
	黑沟渠首	黑沟河中段	5.00	8.00
	恰勒坎渠首	恰勒坎河中段	1.00	0.00
	大草湖渠首	大草湖	1.00	2.00
鄯善县	二塘沟 0 闸渠首	二塘沟	12.00	25.88
	二塘沟 1 闸渠首	二塘沟	12.00	0.00
	色尔克甫渠首	色尔克甫	1.00	2.00
托克逊县	阿拉沟渠首	阿拉沟口	11.00	17.00
	祖鲁木图渠首	祖鲁木图沟口	4.00	0.00
	青年渠首	乌斯通沟口	4.00	3.00
	小草湖渠首	小草湖	8.00	0.00
	巴依托海渠首	巴依托海	8.00	0.00
	胜利渠首	红山口	8.00	10.00
	托台渠首	夏镇	8.00	7.00
	宁夏宫渠首	宁夏宫大队	3.00	7.00
	克尔碱渠首	克尔碱沟口	0.70	0.00
合计				117.88

（3）渠道工程。截至 2019 年底，全地区已建成干、支、斗、农四级渠道 6174.8km，已防渗 4970.0km，防渗率 80.49%，其中干渠 377.9km，已防渗 358.9km，防渗率 95%，支渠 587.9km，已防渗 548.9km，防渗率 93.4%；斗渠 1631.4km，已防渗 1385.2km，防渗率 84.9%；农渠 3577.6km，已防渗 2677.0km，防渗率 74.8%，详见表 1-3。

---

① 1 亩 ≈ 666.67m²。

表 1-3 各县（区）渠道工程统计 　　　　　　　　　（单位：km）

县（区）名称	渠道长度	防渗长度	干渠		支渠		斗渠		农渠	
			渠道长度	防渗长度	渠道长度	防渗长度	渠道长度	防渗长度	渠道长度	防渗长度
高昌区	2488.1	2007.2	129.1	129.1	190.0	186.6	545.4	464.4	1623.6	1227.1
鄯善县	2377.7	2018.0	142.8	142.8	297.9	271.6	733.0	641.2	1204.0	962.4
托克逊县	1309.0	944.8	106.0	87.0	100.0	90.7	353.0	279.6	750.0	487.5
合计	6174.8	4970.0	377.9	358.9	587.9	548.9	1631.4	1385.2	3577.6	2677.0

注：吐鲁番盆地渠道工程虽防渗率较高，但很多渠道已老化，渗漏损失较大。

（4）机井工程。截至 2019 年底，全地区共有机井 6358 眼，其中高昌区 2070 眼，鄯善县 2797 眼，托克逊县 1491 眼。

（5）坎儿井工程。1957 年，坎儿井数量达到最高峰为 1237 条，径流量达 5.626 亿 m^3。截至 2019 年底，全地区有水坎儿井 246 条，径流量为 1.46 亿 m^3，其中高昌区 134 条，鄯善县 77 条，托克逊县 35 条。

（6）节水工程。根据吐鲁番盆地世界银行贷款项目 2018～2019 年所做的地籍普查数据结果，全地区耕地面积 164.61 万亩，其中高昌区 61.25 万亩，鄯善县 57.72 万亩，托克逊县 45.64 万亩。全地区已推广高效节水灌溉面积 58.6 万亩，其中高昌区 24.3 万亩，鄯善县 27.1 万亩，托克逊县 7.2 万亩。

（7）防洪工程。截至 2019 年底，全地区已建成堤防工程 223.12km，其中高昌区 102.79km，鄯善县 94.30km，托克逊县 26.03km。

1.2.2　水资源开发利用情况

（1）用水基本情况。2019 年全地区总引用水量为 13.81 亿 m^3（不含二二一团）。按引水水源划分，地表水（河水、库水）引水量为 4.38 亿 m^3，占 31.7%；地下水（井水、泉水、坎儿井）引水量为 9.43 亿 m^3，占 68.3%。按用水类型划分，农业灌溉用水 12.43 亿 m^3，占 90.01%；工业用水 0.57 亿 m^3，占 4.13%；城镇、生活用水 0.29 亿 m^3，占 2.10%；生态与环境用水 0.52 亿 m^3，占 3.76%，详见表 1-4 和表 1-5。

表 1-4 2019 年各县（市）分水源用水量统计 　　　　（单位：亿 m^3）

用水类型	县（区）名称	小计	地表水		地下水		
			河水	库水	井水	泉水	坎儿井
农业	高昌区	4.55	0.80	0.11	3.05	0.37	0.22
	鄯善县	4.03	0.20	0.80	2.64	0.07	0.32

续表

用水类型	县（区）名称	小计	地表水		地下水		
			河水	库水	井水	泉水	坎儿井
农业	托克逊县	3.85	1.35	0.48	1.90	0.01	0.11
	小计	12.43	2.35	1.39	7.59	0.45	0.65
工业	高昌区	0.19	0.08		0.11		
	鄯善县	0.20		0.06	0.14		
	托克逊县	0.18		0.06	0.12		
	小计	0.57	0.08	0.12	0.37		
生活	高昌区	0.14	0.10		0.02	0.02	
	鄯善县	0.10		0.03	0.06		0.01
	托克逊县	0.05			0.05		
	小计	0.29	0.10	0.03	0.13	0.02	0.01
生态	高昌区	0.18	0.07		0.01	0.06	0.04
	鄯善县	0.16	0.11			0.01	0.04
	托克逊县	0.18	0.13		0.05		
	小计	0.52	0.31		0.06	0.07	0.08
合计	高昌区	5.06	1.05	0.11	3.19	0.45	0.26
	鄯善县	4.49	0.31	0.89	2.84	0.08	0.37
	托克逊县	4.26	1.48	0.54	2.12	0.01	0.11
总计		13.81	4.38		9.43		

表 1-5 2019 年各县（区）分行业用水量统计 （单位：亿 m³）

各业用水名称	地区合计		高昌区		鄯善县		托克逊县	
	用水量	%	用水量	%	用水量	%	用水量	%
利用总量	13.81	100	5.06	100	4.49	100	4.26	100
其中：农业用水	12.43	90.01	4.55	89.92	4.03	89.76	3.85	90.37
工业用水	0.57	4.13	0.19	3.75	0.20	4.45	0.18	4.23
生活用水	0.29	2.10	0.14	2.77	0.10	2.23	0.05	1.17
生态用水	0.52	3.76	0.18	3.56	0.16	3.56	0.18	4.27

（2）用水情况分析。吐鲁番盆地水资源可利用量为 12.26 亿 m³，2019 年地区各县（区）用水总量为 13.81 亿 m³，超出可利用量 1.55 亿 m³。2019 年全地区人

均用水量 0.22 万 m^3，为新疆同期水平（2475m^3）的 89.12%，为全国同期水平（448m^3）的 4.92 倍。万元 GDP 用水量 565.54m^3，较 2011 年减少 69.41m^3，为新疆同期水平的 45.5%，为全国同期水平的 3.16 倍。万元工业增加值用水量 42.63m^3，较 2011 年增加 1.73m^3，为新疆同期水平的 66.6%，为全国同期水平的 41.4%。农田亩均综合灌溉定额 755.12m^3，较 2011 年减少 27.91m^3，为新疆同期水平的 1.09 倍，为全国同期水平的 1.75 倍。

2017 年艾丁湖流域供水总量 12.9 亿 m^3，其中地表水占供水量的 48%，地下水占供水量的 52%，农业用水占 90%，工业用水占 4%，生活用水占 3%。

1.2.3　地下水开采情况

艾丁湖流域地下水开采以机井、坎儿井为主。近 50 年吐鲁番市地下水开采大致经历了 4 个阶段：①1965~1980 年为缓慢增长阶段，由 1965 年的 0.08 亿 m^3 增加到 1980 年的 0.56 亿 m^3，平均每年增加开采量 0.03 亿 m^3；②1981~1993 年为快速增长阶段，20 世纪 80 年代改革开放后，平均每年增加开采量 0.14 亿 m^3；③1994~2008 年为迅速增长阶段，1996 年西部大开发政策实施后，迎来新一轮土地大开发，机井抽水量迅猛增长，1994~2008 年，地下水开采量从 2.99 亿 m^3 激增到 9.08 亿 m^3，凿井深度由 60~80m 加深到 120~150m；④2009~2016 年为控制与下降阶段，为遏制吐鲁番盆地地下水超采，水资源管理，加快节水型社会建设，一系列政策相继出台，如 2007 年的《吐鲁番地区地下水水资源费征收管理办法》、2012 年的《吐鲁番地区"关井退田"实施办法》等，到 2016 年地下水开采量下降至 7.55 亿 m^3。

1.3　水资源开发利用中存在的主要问题

1.3.1　水资源利用不合理，用水矛盾突出

艾丁湖流域降水稀少、蒸发强烈，长期以来在水资源开发利用上形成了以农业经济为主的用水结构。2019 年，农业用水量占全地区总用水量的 90.01%，但对国民经济的贡献率仅为 13.86%，工业用水量占全地区总用水量的 4.13%，对国民经济的贡献率为 54.83%。目前，艾丁湖流域水资源开发利用程度很高，随着经济社会的快速发展，水资源开发利用不合理现状制约了地区经济社会的发展。

1.3.2 地下水超采造成水量平衡破坏

截至 2021 年，艾丁湖流域地下水监控面积达 3442km²，根据观测，北盆地的鄯善县城区、七克台镇等地地下水位由 1986 年的 7～10m 下降到 10～17m；南盆地的鲁克沁镇、吐峪沟乡一带地下水位由 1986 年的 17～19m 下降到 50～60m；高昌区亚尔镇幸福大队、亚尔郭勒村西沟队一带地下水位由 1988 年的 7～20m 下降到 12～28m，恰特喀勒乡、火焰山镇、三堡乡一带地下水位由 2003 年的 15～45m 下降到 40～60m。

近几年，地下水位下降得到了有效控制，部分区域水位开始回升。其中，相对稳定区域面积为 1008km²，占监控面积的 29.3%；上升区域面积为 930.5km²，占监控面积的 27%，地下水位上升幅度在 0.17～1.72m，主要分布在高昌区的艾丁湖镇政府驻地和火焰山开发区，鄯善县的迪坎镇玉门村、达浪坎乡兰江孜坎村、连木沁镇九大队，托克逊县的民族医院家属院、郭勒布依乡开斯克尔村等。

1.3.3 艾丁湖生态环境恶化

由于人类无序活动日益增强，艾丁湖生态区入湖水量不断减少，湖面萎缩；区域土地沙化、沙漠化趋势未根本扭转；地下水位不断下降，生态、生活用水风险增大；陆生与水生物种植被消亡趋势加剧；干热风等灾害性天气呈不断增加趋势；沙尘、烟尘天气暴发风险不断累积增大，使得艾丁湖生态区生态压力不断增大，生态恶化趋势明显。

特别是地下水超采，坎儿井逐步消亡，泉水衰竭及盐渍化等，导致社会经济发展的支撑条件恶化，危害深远，影响边疆稳定和长治久安。流域内地下水严重超采、地下水取水成本大幅增加、地下水面临枯竭的危险，艾丁湖环境恶化已经影响到吐鲁番市经济发展，并已严重威胁到吐鲁番市人民的生活。

1.4 地下水位分区变化特征及主要驱动因素

艾丁湖流域的环境变化、湖区萎缩、盐沼盐壳发育与其地下水位历年变化情况具有紧密联系。基于多年地下水文动态监测资料，从空间和时间两个维度出发，探讨艾丁湖流域地下水位的变化规律及自流区范围的演变过程，以及与地表生态系统，主要包括骆驼刺天然草场和人工绿洲变化的内在联系。为揭示流域不同时期的地下水位的分布及变化趋势，利用搜集得到的艾丁湖流域 1989 年、

2011 年、2017 年的地下水埋深观测资料，监测点位置如图 1-1 所示①，应用
Surfer 软件对地下水位进行克里金（Kriging）插值，绘制研究区在上述三个年份
中地下水位的空间分布图，并结合地表高程数据绘制 1989～2017 年研究区地下
水埋深的变幅图（图 1-2），以期更加直观地表达艾丁湖在过去 20 多年间地下水
位的变化空间分布特征。

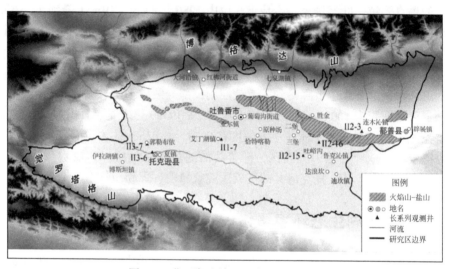

图 1-1　艾丁湖流域地下水观测井位置

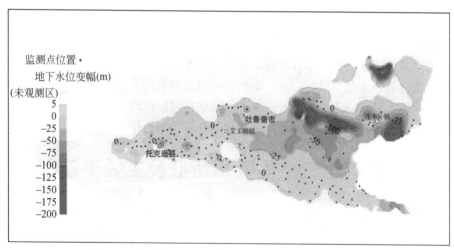

图 1-2　艾丁湖流域 1989～2017 年地下水空间变化程度

----

① 采用 2020 年行政区划图，部分乡镇建制有变化。描述时采用 2020 年行政区划名称。

为进一步描述不同地区水位升降速率的变化趋势性和周期性，首先在水位变化特征明显的地区选取了具有代表性的观测井，整理其长时间序列的地下水埋深观测资料，用统计软件绘制了地下水埋深年际变化曲线，并在此基础上对各地区水位变化的主要驱动因素进行了分析。其次，根据地下水埋深数据和遥感影像划定了艾丁湖流域1989年、2011年、2017年地下水自流区的影响范围，根据地下水盐分监测数据绘制了1989年、2010年淡咸水界面的位置分布图，以期从水位和盐分的角度分析地下水位空间变化对地表生态系统的影响。

艾丁湖流域具有降水稀少、蒸发强烈的干旱区特点，其平原区的地下水主要由地表水进行补给，盆地内地表共发育14条河流，均发源于北部高山区，补给源为山区降水与冰雪融水，可以说地表水和地下水同出一源。在气候变化和人类活动影响下，盆地平原区的地下水补给、排泄条件发生了很大的变化。图1-2展示了1989～2017年艾丁湖流域地下水变化情况。大部分地区地下水位下降明显，其中以人口较为集中、农业较为发达的火焰山南部地区的地下水下降幅度最大，以鄯善县吐峪沟乡英买里为代表的地区水位下降幅度超过50m，并形成多个水位下降漏斗。而郭勒布依乡—艾丁湖镇—恰特喀勒乡—迪坎镇沿线一带的地下水下降幅度较小，为10～20m。此外，受白杨河影响的托克逊地区与发育泉集河的火焰山北部地区的地下水位较为稳定，下降幅度在10m之内，部分地区水位还有小幅度上升。

为进一步研究地下水水位的年际变化趋势，分析水位变化的主要驱动因素，选取6个长系列监测点数据进行时间尺度的分析，并按照不同的地下水位变化主导因素进行归类。

1.4.1 气候变化主导影响地区

自20世纪60年代以来，盆地内大规模修建取水闸、干渠、支渠等水利设施，将发源于博格达山南坡的冰川融水和强降雨产生的暴雨洪流通过引水工程引至绿洲带，并通过灌溉回归、河渠渗漏等方式补给地下水。由于融雪过程和降雨过程受到温度、湿度等气象因子的影响，径流具有显著的季节性与周期性特点，而气候变暖更是直接导致了天山冰川消融速度的加快，其对地下水位的影响可以通过河道附近地下水位的变化趋势来反映。图1-3给出的连木沁监测点和托克逊监测点分别位于二塘沟和白杨河河道附近，其地下水位具有年际变化稳定、年内波动明显的特点。由于全球变暖的反馈响应，山区雪线位置发生变化，融雪径流占比较大的白杨河沿岸的地下水位有小幅度上升的趋势，说明由于地表水和地下水交互作用强烈，艾丁湖流域气候变化是影响区域水资源和地下水变化的主要天然因素。

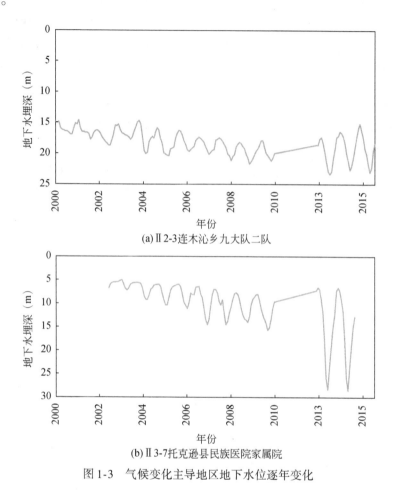

(a) II 2-3连木沁乡九大队二队

(b) II 3-7托克逊县民族医院家属院

图 1-3　气候变化主导地区地下水位逐年变化

1.4.2　地下水开采主导影响地区

　　火焰山与北盆地平原区之间的地层为隔水的泥岩,因此在葡萄沟、胜金沟、吐峪沟、连木沁沟、树柏沟等山前地区的中心,地下水汇流并溢出地表,形成泉集河。盐山与火焰山之间的构造缺口则是南盆地获取地表水补给的主要汇流通道,径流量较小。随着居民区和人工绿洲的不断扩大,为保证农业生产、居民生活和工业供水活动,火焰山南部的吐峪沟乡通过人工取水设施开采利用地下水。

　　图 1-4 为吐峪沟乡英买里和吐峪沟乡坚丹坎两个监测点 2000 ~ 2015 年的地下水年际与年内变化情况。从图 1-4 中可以看出,两地地下水位下降明显,分别

下降了 52.8m 和 29.64m。吐峪沟地下水位迅速下降除了受本地农业区地下水开采量增大的影响外，北盆地山前开采增大导致的泉集河补给量减少也是原因之一。吐鲁番南北盆地的含水层通过泉集河串联在一起发生间接的水利联系，南盆地的地下水超采问题不仅是由当地地下水开采造成的，也与北盆地的地下水过量开采有关。与英买里监测点相比，坚丹坎监测点的地下水位在年内具有较大的波动，其幅度约为 6m 且有逐渐增大的趋势。其原因在于坚丹坎监测点位于吐峪沟农业区的尾部，受田间回灌水补给的影响较大，因此在农业开采期地下水位大幅度下降，在农业非开采期地下水位小幅度回升；而英买里监测点离火焰山较近，泉集河渗漏量很小且没有回灌水补给，因此年内水位较为稳定。

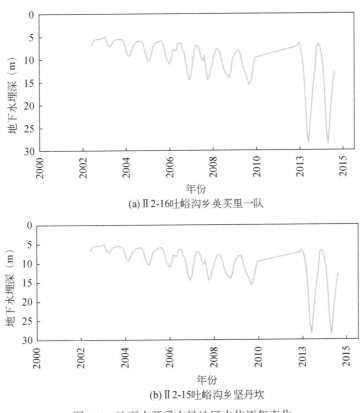

(a) Ⅱ2-16吐峪沟乡英买里一队

(b) Ⅱ2-15吐峪沟乡坚丹坎

图 1-4　地下水开采主导地区水位逐年变化

1.4.3　地下水开采和气候变化共同影响地区

郭勒布依乡监测点和艾丁湖镇监测点位于盐山以南，都处于农耕的中心地段，且分别受阿拉沟支渠和大河沿河干渠供水影响。在人类夏季集中开采和气候变化的共同影响下，两地的地下水补给、排泄条件发生很大的变化。如图1-5所示，2002~2015年地下水位分别下降了12.6m和16.8m，下降趋势明显。年内水量分配极为不匀，极具周期性，最高水位出现在农业开采期之前的3~4月，最低水位则在开采期结束之后的7~8月，水位涨落的幅度为5~22m，呈逐年增大的趋势，特别是艾丁湖镇，2012年后地下水位波动幅度明显增大。

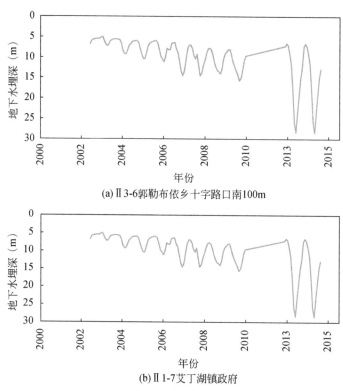

(a) Ⅱ3-6郭勒布依乡十字路口南100m

(b) Ⅱ1-7艾丁湖镇政府

图1-5　地下水开采和气候变化共同影响地区水位逐年变化

1.5　地下水自流区范围变化及其影响

多年以来，随着蓄水工程和引水工程的建立，流入艾丁湖的自然河道大多发生迁移，部分河流已经退缩断流，特别是形成鲁克沁三角洲的二塘沟、柯柯亚河均缩退至火焰山以北，如今只有白杨河和阿拉沟有水流入艾丁湖。我国西北干旱区地下水一般也是湖泊主要的补给水源，地下水主要通过湖边溢出带的泉水和湖盆承压自流水的形式对湖泊进行补给。除阿拉沟和白杨河是艾丁湖的主要地表水补给来源外，梁匡一（1987）认为艾丁湖周围承压自流水也应该对艾丁湖有补给作用，艾丁湖周围地下水承压自流区的变化是影响地下水和湖泊相互作用的重要因素。

将地下水位与地表高程关系作为承压自流区的划分依据，地下水位与地表高程之间的差值定义为自流水头，地下水位高出地面，即自流水头为正值的地区是地下水自流区。为了系统分析艾丁湖流域地下水自流区年际变化对周围环境的影响，根据艾丁湖流域1989年、2011年、2017年的地下水位统测数据以及早期地质勘探钻孔揭露的地下水埋深对艾丁湖周围承压自流区的分布及变化情况进行分析。

如图1-6所示，地下水自流区主要分布在两个地区，一个是火焰山前的泉水出露地区，另一个是白杨河入渗补给的浅水地区。20世纪90年代之前，随着农业、工业及城镇的发展，人类利用机井对地下水进行开采，除了集中开采区之外，南盆地大部分地区的地下水埋深较浅，自流区广泛分布于火焰山以北及托克逊—艾丁湖湖区沿线，面积约为1428km^2；2000～2010年，由于人类需求水量的提高，南盆地开采井的数量剧增，此时地下水位普遍下降，自流区范围逐渐缩小，零散地分布于火焰山以北、托克逊、夏镇、艾丁湖湖区等地，面积缩减约为485km^2；至2017年前后，自流区的范围已极度缩小，仅包含托克逊县城、艾丁湖湖区及火焰山山前等小部分地区，约为245km^2。承压自流区的萎缩必然造成艾丁湖周围地泉水溢出量的减小，直接和间接地造成地下水向艾丁湖补给量的减小。

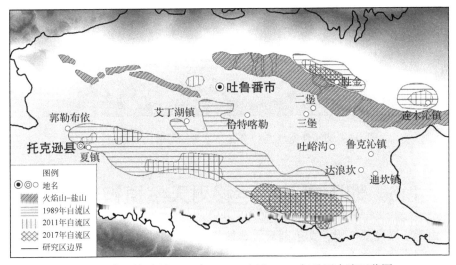

图1-6 艾丁湖流域1989年、2011年和2017年承压自流区范围

承压自流区也是浅层地下水的浅埋区，浅层地下水除在河道周围接受季节性河流渗漏补给外，承压自流水向潜水的越流补给能够为浅层地下水提供稳定的补给来源，如图1-7所示，在地下水埋深小于5m的地区，自流区的空间分布与艾丁湖周边天然植被分布是基本一致的。骆驼刺天然草场是位于高昌区、托克逊县、鄯善县之间的艾丁湖周围的广阔平原低地草场，东西长约90km，南北宽3～15km。该地区地下水位下降，特别是冲洪积扇扇前地区和人工绿洲边缘地区地下水位下降是造成骆驼刺天然草场退化的主要因素。从自流区的分布变化情况来看，自流区主要在东西向上自西向东发生萎缩，根据实地调查，托克逊县城原有的3眼自流井现仅有1眼还在涌水。高昌区艾丁湖镇、托克逊县夏镇等地地下水位的下降受人工绿洲地下水开采影响的同时，也受白杨河和阿拉沟渗漏补给量减小的影响。承压自流区的退缩方向与骆驼刺天然草场的萎缩趋势是基本一致的，也说明人工绿洲的地下水开采不仅对绿洲前缘地下水位和地表植被有严重影响，也可能通过影响承压水位对下游荒漠区的天然植被间接造成影响。

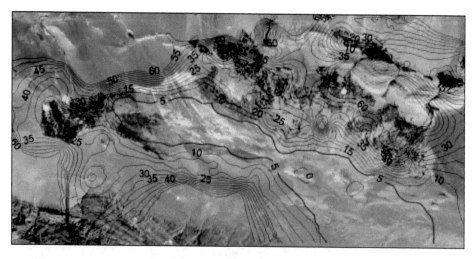

图1-7 艾丁湖流域2017年地下水埋深等值线（单位：m）

1.6 地下水盐分运移对天然植被的影响

由于干燥高温气候，艾丁湖流域蒸发量大，土壤盐渍化程度较高，土壤多为盐化草甸或草甸盐土，天然植被大都由具有适盐、耐盐或抗盐等特性的多年生盐中生植物组成。地表植被的分布除受地下水埋深影响外，也受地下水盐分的影响。根据吐鲁番盆地潜水溶解性总固体的变化绘制了1989年和2010年的淡水-微咸水、微咸水-咸水界面，对界面的推移情况及淡咸水运移幅度较大区域的植被分布情况进行分析，以探究地下水变化对盐碱地发展趋势、周围植物生长情况的影响。

1989～2010年，受地下水位下降的影响，盆地内淡咸水界面改变明显。如图1-8和图1-9所示，艾丁湖以北的艾丁湖镇—迪坎镇一带的淡水-微咸水界面不同程度地向南运移，其中二堡乡、三堡乡、鲁克沁镇等地的运移距离最大，而在西部的夏镇—托克逊乡的局部地区，淡水-微咸水界面则向西运移；类似地，微咸水-咸水界面在胜金乡以南的二堡乡、三堡乡一带南移，在迪坎镇、达浪坎乡一带西迁。淡咸水界面的整体变化趋势是向以艾丁湖为中心的周边盐碱地收缩。

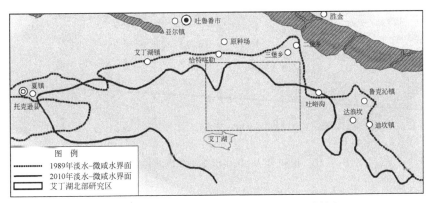

图1-8　1989～2010年淡水-微咸水界面运移情况

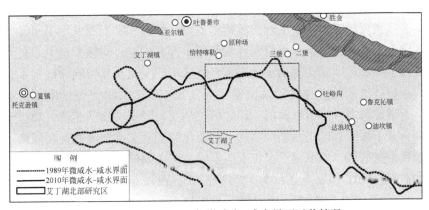

图1-9　1989～2010年微咸水-咸水界面运移情况

图 1-10 为从历史卫星影像截取的艾丁湖以北淡咸水运移幅度较大地区的植被分布情况，该区域包括北部的二堡乡、三堡乡和南部的恰特喀勒乡。在作为对照的 1989 年和 2010 年，南部原有的植被区逐渐萎缩，而北部的二堡乡、三堡乡以南地区则生长出稀疏植被。出现这种南部植被从有到无、北部植被从无到有现象的主要原因是土壤的盐渍化。1989 年，该区域地下水埋深较浅，土壤蒸发强烈，浓缩作用使潜水矿化度升高，进而制约北部植被的生长，而南部较为耐盐植被所受影响较小。2010 年，地下水位下降明显，淡咸水界面向南迁移，北部地区咸水被淡水取代，土壤的盐渍化程度降低，植被开始生长，而南部由于地下水的矿化度加剧，植被逐渐退化消失。

<table>
<tr><td>(a)1989年</td><td>(b)2010年</td></tr>
</table>

图 1-10　1989 年及 2010 年艾丁湖以北植被分布情况

1.7　艾丁湖流域研究现状

基于收集资料总结了艾丁湖流域的基本水文情况和水资源及地下水开发基本情况，结合野外调查分析了水资源开发利用中存在的主要问题和地下水位分区变化特征及主要驱动因素，揭示了地下水自流区范围变化及其影响和地下水盐分运移对天然植被的影响。通过阅读大量文献发现，受上游水资源过度开发利用影响，艾丁湖已演变为季节性湖泊，周边植被枯死，野生动物已绝迹，周边土地沙化加剧，艾丁湖生态区正面临严重的生态恶化问题。艾丁湖流域是新疆地下水超采比较严重的区域，流域地下水位不断下降。艾丁湖流域多年平均水资源总量为 11.10 亿 m³，2018 年用水总量为 12.62 亿 m³，流域超采区面积达 3093km²（褚敏等，2020）。艾丁湖流域 2020 年生态缺水量为 2.60 亿 m³，预计 2030 年生态缺水量将达 2.48 亿 m³，为满足艾丁湖入湖水量的基本需求，湖泊生态补水量每年为 0.72 亿 m³。2030 年外调水源 2.48 亿 m³ 的情景下，入湖总水量为 0.91 亿 m³

（杨朝晖等，2017）。艾丁湖流域植被与地下水埋深关系显示，植被空间演替随着地下水埋深的增加呈现由喜水植被过渡为耐旱植被的规律，出现芦苇/红柳–盐穗木–刺山柑/野西瓜–骆驼刺/白刺等优势植被逐渐交替的顺序（陈立等，2019）。基于 Landsat 卫星遥感影像，监测艾丁湖流域 1990～2019 年土地覆盖类型变化，结果显示，1990～2019 年，流域内土地类型变化巨大，城市扩展明显，经历了中速扩张和高速扩张两个阶段（姜松秀等，2021）；通过分析艾丁湖 1986～2018 年湖泊面积变化，显示其与区域气候变化、河流径流量变化的相关关系，发现 2006 年以后随径流增加趋势减弱，湖面面积缩小（曹国亮等，2020）。总结分析艾丁湖研究现状可以得出，艾丁湖流域上游存在水资源过度开发、土地利用持续扩展、地下水超采等问题，导致艾丁湖面积逐渐萎缩，周边植被枯死，面临严重的生态环境问题。

本书致力于构建艾丁湖流域地表水–地下水耦合模拟模型，为流域内地下水合理开发利用与生态保护阈值方案研究提供理论和技术支撑。野外调查显示，艾丁湖流域地表河道和渠道交错分布，河道和渠道引水用水关系复杂，用水水量无监测数据。艾丁湖与地下水水力联系密切，存在复杂的水量交换关系。20 世纪 70 年代开始，国外学者开始探索河流–地下水耦合模型的概念和框架（Freeze and Harlan，1969；Robert and John，1972；Cunningham and Sinclair，1979），21 世纪初期，国内学者开始从事该方向的研究，多数学者都是借助国外开发的水文模型和地下水数值模型的耦合（郝振纯，1991；蒋业报和张兴有，1999；刘路广和崔远来，2012；张浩佳等，2015）。河流–地下水耦合途径主要是将已开发、成熟的河流水文模型和地下水数值模型进行连接处理，或者在已有地表水、地下水模型基础上完善其余水循环要素，建立能描述水文全要素的流域或区域水文模型系统，如 SWATMOD、GSFLOW 等模型，或者河流–地下水物理过程完全耦合模型，如 MODHMS、Hydro Geo-sphere 等模型。

作为一种广泛使用的地下水流模型，MODFLOW 提供了一系列程序包来模拟河流和地下含水层系统的相互作用，适用于在西北干旱–半干旱地区进行河流–地下水耦合模型模拟。MODFLOW 是用于模拟河流和地下水相互作用的最广泛使用的数值模型（Harbaugh，2005）。它包含的 RIV 程序包可以根据河床面积、河流和含水层之间的水头差异以及河床渗透率来计算河流和含水层之间的渗漏量。为更加深刻地刻画河流–含水层相互作用，Prudic（1989）开发了 STR 程序包；为了评估河流可能对污染物通过含水层的流动和运输产生的强烈影响，Prudic 等（2004）开发了一种新的 SFR1 程序包来改进 STR 程序包，后来进一步开发和扩展成了 SFR2 程序包。就如我们熟知的那样，河流在地下水模拟软件中被渠化并根据河床的坡度而流动（Hughes et al.，2015），河流在 STR 程序包中被分成河道和河段，河道代表了支流和分流，而河段是一小段河道，对应于有限差分网格中的单个网格单元（Prudic，1989）。大多数程序包对河道编号进行了严格的设置，要求从河道最远的上游段到最后的下游段按顺序编号（Prudic et al.，2004），并且要确保上游段的编号比下游段的编号更低，保证来自上游段的出流能被正确地添加为下游段的入流，从而得到一条用于河流模拟的路径。因此，MODFLOW 的使用者必须先识别出河网中河流之间的汇流与分流关系后才能在输入文件中对河流的河道数据进行编辑，编辑的时候要按顺序设定每一个河道的编号。在自然河道与人工渠道交错分布的农灌地区，对河流汇流-分流关系的梳理和编号的设定等工作量随着河道的增多而增加，过程烦琐且易错。若最终输入文件中河道的顺序排列不当，将导致整个模型的模拟结果出现计算错误。

地下水数值模型软件 MODFLOW 中可将湖泊区作为高渗透系数的含水层，或作为边界条件输入，或利用河流程序包代替湖泊模块，或利用自带的 LAK3 程序包，但在湖泊-地下水交互作用中，很难评估一方平衡条件的变动导致水位变动对另一方的水量及水位变化过程产生的影响。MODFLOW 软件开发的 LAK3 程序包是通过湖泊自身水量平衡自动计算湖泊水位，能较好地模拟水量-水位的变化，被广泛应用。其不仅可以模拟湖泊-地下水之间的水量交换关系，还可以模拟河道汇入、降水、蒸发等外界条件对湖泊状态的影响，包括湖泊水位、水面面积、蓄水量的动态变化等。然而由于 LAK3 程序包中湖底高程在垂向上的离散直接依赖于地下含水层系统的网格离散，正如开发者所说，其自身仍然存在一定不足，如含水层必须划分为水平的，不能起伏或有厚度变化；湖底高程不能分级太细，否则需划分的含水层数量也会增加，显著影响模型计算；更重要的是，若含水层的垂向剖分层数太多，模拟中湖泊附近的地下水计算单元可能会经历干-湿转化过程。众所周知，MODFLOW 采用经验性的方法处理单元的干-湿转化过程，因此计算过程的稳定性将受到很大影响。本书旨在总结分析艾丁湖流域研究现状和地表水与地下水开发利用现状，构建流域地表水-地下水耦合模拟模型，分析现状地下水资源开发利用格局及生态效应，以及水资源开发总量控制下地下水变化及生态效应。在此基础上，设计不同地下水退耕减采和调水的方案，分析地下水变化及生态效应，为水资源合理开发提供理论和技术支撑。

1.8 本章小结

艾丁湖流域降水稀少、蒸发强烈，长期以来在水资源开发利用上形成了以农业经济为主的用水结构，农业用水量占全地区总用水量的 90.01%，工业用水量占全地区总用水量的 4.13%。目前，艾丁湖入湖水量不断减少，湖面萎缩；区域土地沙化、沙漠化趋势未根本扭转；地下水位不断下降，生态、生活用水风险增大；陆生与水生物种植被消亡趋势加剧；干热风等灾害性天气呈不断增加趋势；沙尘、烟尘天气暴发风险不断累积增大，使得艾丁湖生态区生态压力不断增大，生态恶化趋势明显。流域内地下水严重超采、地下水取水成本大幅增加、地下水面临枯竭的危险，艾丁湖环境恶化已经影响到吐鲁番市经济发展，并已严重威胁到吐鲁番市人民的生活。

| 第 2 章 |　　艾丁湖流域地下水开发利用
与生态功能保护水位水量双控指标体系

2.1　地下水生态水位的概念及内涵

西北地区地带性植被为荒漠植被，而对生态环境起主要作用的是地下水维持的非地带性中生和旱生植被。影响植物生长的主要因素是土壤盐分和水分，两者都与地下水位高低有关，当地下水位过高时，溶于地下水中的盐分受蒸发影响就会在土壤表层聚积导致盐渍化，不利于植物的生长；当地下水位过低时，地下水不能通过毛细管上升到植物可吸收利用的程度，导致土壤干化、植被衰败，发生土地荒漠化。因此，保持地下水埋深的动态平衡成为维持非地带性中生和旱生植被稳定的关键因素。

生态水位定义为能维持非地带性自然植被生长所需水分的地下水埋藏深度所对应的地下水位。地下水生态水位是一个随时空变化的函数，其上下限在不同区域的内涵也不同。赵文智（2002）根据对黑河流域生态需水和生态地下水位的研究，给出了生态地下水位的定义，即由于植物根系和耐盐特征的差异，地下水位太低时导致根系达不到汲水深度而枯死，地下水位太高时又因强烈蒸发使土壤含盐量过高而引起植物逐渐死亡，因此植物生长有各自的适宜地下水埋深，在一定的气候条件特别是降水条件下，维持某种植物群落壮龄阶段稳定生长而不使优势植物生境被其他植物占据的某一范围的地下水埋深称为某种群落生态地下水位。地下水生态水位是指能够充分发挥地下水对生态环境的控制作用，即满足生态环境要求、不造成生态环境恶化的地下水位。地下水生态水位主要受地质结构、地形、地貌和植被条件的影响。郭占荣和刘花台（2005）将地下水生态埋深定义为天然植物凋萎以致死亡的地下水埋深临界值。谢新民等（2007）研究提出了地下水控制性关键水位和阈值的概念，并对西北、华北、沿海地区进行了研究。贾利民等（2015）认为干旱区地下水生态水位是指变化环境下，在地下水源汇项达到均衡的基础上，维持干旱区生态系统主要生态功能作用的非地带性中生植被和旱生植被在其生长周期与生长区域内正常生长及发育所需的多个地下水位值的集合。

综上，地下水生态水位的概念是基本明确的，在研究西北地区荒漠化植被与地下水位关系中应用效果较好，但作为地下水控制性关键水位和阈值时还需要考虑生态水位的上下限。地下水位过高将引起土壤通气性降低，土壤中的含氧量减少，植物根系呼吸作用也相应减弱，植被的生长受到抑制；当地下水位上升至毛细管水上升高度时，强烈的蒸发作用将使土壤表层出现盐渍化或沼泽化。因此地下水生态水位上限通常定义为既防止土壤发生盐渍化，又能维持植物正常、良好的生长状态的最浅地下水埋深。当地下水位降低到植被根系提水能力之下时，植物根部气孔关闭，植物逐渐凋萎死亡，因此地下水生态水位下限通常定义为引起植被退化的地下水埋深（表2-1）。

表 2-1   生态水位类型及划分标准

地下水生态水位类型	划分标准
生态水位上限（毛细水上升高度和植被根系层厚度）	既防止土壤发生盐渍化，又能维持植物正常、良好的生长状态的最浅地下水埋深
生态适宜水位	植被良好生长，生态与环境良好发展的地下水埋深
生态水位下限（极限蒸发埋深）	表土层土壤干燥，植被退化的地下水埋深

2.2 生态适宜水位

塔里木河、石羊河、黑河等流域已进行了大量植被与地下水相关关系研究工作，通常根据实地观测资料，建立诸多模型描述植被与地下水的关系。生态水位的确定目前主要根据不同地下水埋深植物种群出现的频率，结合种群的生长状况进行综合评判。常用的是将某种群出现的频率与对应的地下水位进行高斯模型模拟，然后找出种群频率最大值对应的水位埋深区间，以及植被生长良好的生态适宜水位。

新疆维吾尔自治区地质矿产勘查开发局第一水文工程地质大队对塔里木河干流区的天然植物生长状态进行过实地调查，将植被生长状态划分为4种状态（表2-2）：①生长良好，枝叶繁茂，植株密集，有青幼林（苗）生长；②生长较好，枝叶繁茂，植株较密集，缺少幼林（苗）生长；③生长不好，枝叶稀疏，趋于枯萎、死亡；④枯萎死亡。植被生长较好的地下水埋深应小于6m。调查结果表明，乔木、灌木分布区植被生长较好的地下水埋深不能大于7~8m，而草甸分布区不能大于2~3m。同时对塔里木盆地胡杨、柽柳、芦苇、甘草、罗布麻和骆驼刺等种群频率分布最大值进行了分析，它们相对应的地下水埋深分别为3.2m、3.7m、1.9m、2.7m、2.9m和3.4m。郭占荣和刘花台（2005）根据塔里木河干流区和黑河流域下游天然植被生态调查结果，将植物生长较好的地下水埋深作为地下水生态埋深，确定内陆盆地胡杨、红柳、沙枣地下水生态埋深为 7～8m，罗布麻、甘草、骆驼刺的地下水生态埋深为 5～6m，芨芨草的地下水生态埋深为4m 左右。

表 2-2　塔里木河干流区主要植物不同生长状态地下水埋深 （单位：m）

植物种属	生长良好		生长较好		生长不好		枯萎死亡
	适宜范围	最适宜范围	适宜范围	稳定范围	分布范围	稳定范围	分布范围
胡杨	0.6～5	1～4	0.5～7	1～5	2.1～12	>7	>10
红柳	0.5～6	1.5～3	1～8	1～5	0.5～9.7	>7	>10
高秆芦苇	<2.2	0～2	<3		>3		
矮秆芦苇	0.3～4	1.5～3.5	0.3～5		>5		
罗布麻	0.5～5	1.5～3	0.5～6	1～4	>6		
甘草	0.5～4.2	1.5～3.5	0.5～6.3	1～4.5	>5		
骆驼刺	0.9～7.3	2～3.5	0.5～6	1.5～4.5	>6		

资料来源：郭占荣和刘花台（2005）。

由于各地降水量、包气带岩性结构的不同，适宜植被生长的地下水埋深也有所差别。曹文炳（2011）对我国西北干旱地区主要耐旱植物种，包括柽柳、胡杨、梭梭、骆驼刺和芦苇等种群的生态水位进行了归纳。柽柳种群在黑河下游地区最适于生长的地下水埋深为 3～5m，在新疆塔里木河流域最适于生长的地下水埋深为 1.5～3m，在河西走廊的石羊河下游最适于生长的地下水埋深为 5～7m。胡杨种群在黑河下游和石羊河下游最适于生长的地下水埋深为 1～3m，在地下水埋深大于 3m 的地区，胡杨生长不良，退化严重，地下水埋深降至 5m 以下，胡杨种群基本消失。梭梭种群在极度干旱地区对地下水依存度高，地下水埋深应小于 6m。新生株的发育则要依靠冬季积雪的融化或偶发的暴雨。芦苇种群对环境的适应性强，适宜生长的地下水埋深小于 5m，最适于生长的地下水埋深为 1.5～3m。骆驼刺群落最适于生长的地下水埋深为 2～3.5m。

2.3　生态水位上下限及确定方法

2.3.1　生态水位上限及确定方法

地下水生态水位的内涵决定了其并不是固定值，而是一个能够维持区域生态系统平衡的地下水位区间，对于西北内陆盆地而言，地下水生态水位是指不发生土壤盐渍化和天然植被退化的地下水位区间。植被能够吸收饱和带地下水的前提条件是毛细水可上升至根系层供植物吸收利用，土壤水基本满足植物需要，同时潜水无效蒸发很少，既不产生土壤盐渍化也不发生天然植被退化，因此，通常将根系层厚度和毛细水上升高度之和作为生态水位上限。在相同的气候和土壤条件下，一定种群植被的根系层厚度应该一致，一般可结合《中国植物志》中对植被生理特征的描述，通过研究区实地调查确定根系层厚度。因此，准确测定和计算毛细水上升高度是确定地下水生态水位上限的关键问题。

毛细水主要受到基质吸力、毛细管侧壁黏滞阻力和毛细水自身重力作用，根据 Lucas-Washburn 渗吸模型，当基质吸力和毛细水自身重力相平衡时，毛细水上升最大高度为

$$H = \frac{2\gamma\cos\varphi}{\rho g R} \tag{2-1}$$

式中，γ 为土壤水表面张力系数；φ 为接触角；ρ 为土壤水密度；g 为重力加速度；R 为土壤有效孔径。

利用式（2-1）计算毛细水上升最大高度时关键是土壤有效孔径的测定，但可观测的土壤结构通常用有效粒径（d）和孔隙度（n）两个参数表达，土壤有效孔径难以直接观测，造成毛细水上升最大高度多采用经验参数计算或通过试验实测得到。但取土样进行室内试验存在以下问题，一是破坏了土壤原生结构，二是对于黏土的试验时间通常很长。目前，除试验测定外，确定毛细水上升高度的方法基本上采用经验公式，如太沙基、Polubarinova Kochina-Navis 和 Tsui、张忠胤公式等。

（1）太沙基公式：

$$h_c = \frac{0.075}{d} \tag{2-2}$$

式中，d 为土粒平均直径（mm）；h_c 为毛细水上升高度（m）。

（2）Polubarinova Kochina-Navis 和 Tsui 公式：

$$h_c = \frac{0.45}{d}\left(\frac{1-n}{n}\right) \tag{2-3}$$

式中，d 为土粒平均直径（cm）；h_c 为毛细水上升高度（cm）；n 为孔隙度。

（3）张忠胤公式：

$$h_c = \frac{0.03}{(I_0+1)D} \tag{2-4}$$

式中，I_0 为黏性土中结合水发生运动时的起始水力坡度；h_c 为毛细水上升高度（m）；D 为孔隙平均直径（mm）。

陈敏建等（2018）提出了一种利用有效粒径和孔隙度计算中粗粒土壤有效孔径的公式：

$$R = [1.581(n-39.5\%)+0.079]d \tag{2-5}$$

式（2-5）一般适用于砂土等中粗粒土，而对于微小颗粒（$d<0.001\,\mathrm{mm}$）土壤，可能出现复合孔径，黏土中毛细水运动还受结合水黏滞力的影响，因此对于微小颗粒土壤建议采用实测方法确定毛细水上升高度。

将土壤持水曲线进行线性化后，土壤水静力平衡状态时毛细水上升高度的公式为

$$h_c = \frac{1}{\alpha(n-1)}\left(\frac{2n-1}{n}\right)^{(2n-1)/n}\left(\frac{n-1}{n}\right)^{(1-n)/n} \tag{2-6}$$

式中，α 和 n 为土壤水特征曲线 Van Genuchten（VG）模型中的经验参数；α 与土壤进气值的倒数有关，n 与孔隙大小有关。

马媛（2012）对乌兰布和沙漠地区土壤毛细水上升高度试验测定发现，根据理论公式和经验公式计算出的毛细水上升最大高度与试验数据相比误差较大，相对误差一般在50%~70%，个别公式甚至高达99%。在实践工作中一般不能直接应用经验公式进行定量计算毛细水上升高度，应与实际试验数据相结合而定量给出毛细水上升高度。

室内试验测定的吉林省西部的不同土壤质地的毛细水上升最大高度（赵海卿，2012），见表2-3。土壤毛细水上升过程历时较长，毛细水上升速率与时间呈幂函数关系，试验初期毛细水上升高度迅速增加，然后开始逐渐稳定，不同土壤质地毛细水上升最大高度在 1~2m。毛细水上升最大高度一般随地下水矿化度的升高而增加，试验发现地下水矿化度每升高 1g/L，毛细水上升最大高度增加10cm。

表 2-3　不同土壤质地的毛细水上升最大高度　　　　　　（单位：cm）

土壤质地	壤土	粉质黏壤土	砂质黏壤土	砂质壤土	黏壤土	壤质黏土	粉质壤土
毛细水上升最大高度	205	170	148	146	171	167	116

2.3.2　地下水位下降对植被的水分胁迫

当浅层土壤水分充足时，植物优先吸收浅层土壤水分，当干旱造成浅层土壤水减少时，植物转向吸取深层土壤水以满足根系对水分的需求。根系的提水作用，即将深层土壤水输送到浅层土壤过程中水分运移的驱动力是根系间的土壤水势差。只要深层根系能与毛细水带发生联系，根系的提水作用就能缓解干旱和地

下水下降对植被的水分胁迫。

地下水位下降到一定程度后，植物根系脱离毛细水带，包气带土壤含水量逐渐减少，植被处于缺水状态，发生诸多生理变化。发生枝条或叶片脱落等现象，是植被对水分胁迫的生理结构和形态的适应性调整。但这种适应能力不同植物类型间有所差异。如果地下水位下降速度小于根系生长速度，植物根系能始终保持在地下水影响带范围内，水分来源得到保障。杨属、柳属、柽柳属乔木幼苗根系生长速度可达 $1 \sim 13 \mathrm{mm/a}$，干旱区灌丛、草类植物根系的最大生长速度为 $3 \sim 15 \mathrm{mm/a}$。除上述地下水位下降幅度外，其下降速率和下降/上升变化频率对植物水分胁迫也有重要影响，下降速率越大，下降越频繁，根系水分胁迫越严重。如果地下水位下降速度大于根系生长速度，植被也将逐渐退化。

2.3.3 生态水位下限及确定方法

地表蒸发为土壤水蒸发和潜水蒸发之和，而潜水蒸发随地下水埋深的增加而衰减，地表蒸发量亦同步衰减。当潜水蒸发小到无足轻重时，地表蒸发量不再随地下水埋深的增加而衰减，此时的蒸发全是土壤水的蒸发，即植物生长所需水分全部由土壤水提供。当地下水埋深大于极限蒸发埋深时，地下水蒸发几乎为零，土壤水不能通过潜水蒸发获得水分补充，导致土壤干旱、植被退化。因此，通常采用潜水极限蒸发埋深作为生态水位下限。极限蒸发埋深是潜水蒸发接近于零的潜水位埋深，其不是一个常数，主要受土壤条件和植被类型等影响，土壤颗粒越细，极限蒸发埋深也越大；与裸土相比，作物蒸腾能够显著增大潜水蒸发强度，植物根系越深，极限蒸发埋深相应也越大；大气蒸发能力对极限蒸发埋深影响不大。

地下水极限蒸发埋深的确定方法通常有实测法、动态资料相关法和经验公式法等。实测法是利用蒸渗仪进行实测。动态资料相关法是利用地下水观测井水位动态资料，首先将地下水埋深、地下水位变幅差值和地表土壤饱和时的蒸发强度三个变量进行相关分析，通过得到的回归方程计算极限蒸发埋深，该方法是目前常用的方法。经验公式法主要利用潜水蒸发的阿维扬诺夫公式，通过建立多个方程，并通过一定变换计算极限蒸发埋深。动态资料相关法计算极限蒸发埋深的过程如下。

在地下水位观测时间序列中，选取至少 3 个水位下降时段，要求选在蒸发强度大但降水和开采影响较小，即地下水位变化主要由蒸发引起的干旱时段，在我国北方一般选在 $4 \sim 5$ 月、$9 \sim 10$ 月。利用时段内最大、最小水位埋深（$h_{\max}$，$h_{\min}$）计算时段内水位变幅（Δh）和平均水位埋深（$\bar{h}$）：

$$\Delta h = h_{max} - h_{min} \tag{2-7}$$

$$\overline{h} = (h_{max} + h_{min})/2 \tag{2-8}$$

将观测井所在地各月的蒸发强度 E（20）转换到 E（601），以 $\overline{h}$ 为横坐标，$\Delta h / E$（601）为纵坐标，绘制散点图并进行线性拟合，趋势线与横坐标的交点表示水位变幅和蒸发为零，对应水位埋深即极限蒸发埋深。

采用上述方法，获得吉林省西部不同土壤质地的极限蒸发埋深（表2-4），整体上随土壤质地变细，极限蒸发埋深逐渐增大。

表2-4　不同土壤质地的极限蒸发埋深　　　　　　（单位：m）

土壤质地	壤土	粉质黏壤土	砂质黏壤土	砂质壤土	黏壤土	壤质黏土	粉质壤土
极限蒸发埋深	4.87	5.09	5.17	5.43	6.5	6.74	7.09

黄金廷等（2013）在毛乌素沙漠进行了沙柳的蒸散发随地下水埋深变化的野外观测试验，实际蒸发（E）与潜在蒸发（E_p）比值随地下水埋深变化呈现两个拐点，地下水埋深小于70cm时，E/E_p 值为1，地下水埋深增大到105cm时，E/E_p 值急剧减小至0.24。实际蒸腾（T）/潜在蒸腾（T_p）曲线随地下水埋深呈倒 S 形；实际蒸散发（ET）/潜在蒸散发（ET_p）随地下水埋深变化曲线大致以地下水埋深70cm 为拐点，埋深小于70cm 时，ET/ET_p 值接近于1，大于70cm 时，ET/ET_p 值逐渐减小（图2-1）。说明当地下水埋深小于该拐点埋深时，蒸散发受

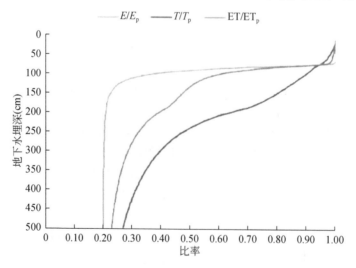

图2-1　实际蒸发、蒸腾与潜在蒸发、蒸腾的比值随地下水
埋深变化规律（黄金廷等，2013）

大气蒸发能力控制，地下水埋深大于该拐点埋深时，蒸散发主要受土壤水分含量影响。

同时，对草地和林地两种植被类型，假定根系深度分别为 100cm 和 200cm，计算给出了不同土壤质地的地下水极限蒸发埋深，分析其数据可以看出，地下水极限蒸发埋深为裸土极限蒸发埋深和植被根系深度的求和。通过以上地下水生态水位上下限确定方法，可以看出某地区地下水生态水位上下限的确定关键在于不同土壤质地的毛细水上升最大高度和对应的裸土地下水极限蒸发埋深，以及不同植被根系深度。

2.4 艾丁湖流域地下水生态水位阈值的确定

艾丁湖流域地处亚洲腹地，远离海洋，加之周边高山阻隔，水汽相对较少，形成了较为典型的干旱荒漠气候，自然环境地理条件相对恶劣。截至 2017 年，区域内戈壁荒漠面积占比较大，全地区森林面积为 764.4km^2，森林覆盖率仅为 1%~10%；草地面积（包括天然和人工种植或改良的指覆盖率 5% 以上的草原、草坡、草地）为 7681.86km^2。由于地势高差的变化，形成了显著的自然地理垂直地带景观。山区岩石大部裸露，难以涵养水分，植被相对稀少；山前倾斜平原由粗颗粒砂砾石组成，下渗强烈，只在个别低洼处生长有零星的梭梭、铃铛刺、骆驼刺、盐蒿等灌木草本植被；平原区除人类活动区域内的绿洲外，以荒漠戈壁为主，植被覆盖程度也较低，只在潜水埋深较浅之处生长有片状零星分布的骆驼刺、红柳、白刺、芦苇等耐旱植物。

艾丁湖所在的吐鲁番盆地属于典型的内陆盆地，其本身是一个完整的水循环系统和生态系统，维持生态系统平衡的地下水位与生态系统分布和水循环过程息息相关（图 2-2）。自山区至地下水排泄基准点和河流尾闾湖泊，生态系统一般可分为山地生态系统、人工绿洲生态系统、天然绿洲生态系统和荒漠生态系统，各生态系统是以水为纽带连接起来，相互依存并相互作用（李平，2006）。

山地生态系统同时是内陆盆地水循环系统的产流区，山区降水和冰雪融水是出山径流的主要构成，年际变化较小。地下水生态水位和地下水量调控主要是针对人工绿洲区、自然绿洲区和荒漠植被区。从生态水位的内涵可以看出，生态水位上下限的确定是针对完全依赖地下水的生态系统，即植物通过毛细带吸取地下水。但在内陆盆地，水循环系统的特征决定了生态系统与地下水关系也是复杂的。荒漠植被区天然植被可能依赖降水和季节性洪水，泉水溢出带和泉集河的湿

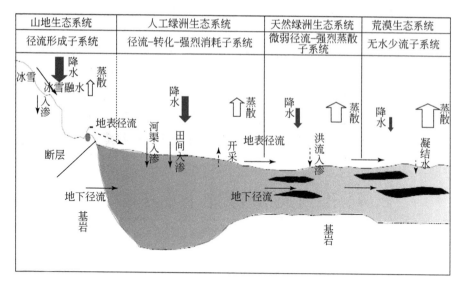

图 2-2　西北干旱区生态系统分带性示意（李平，2006）

地沼泽植被与泉水溢出有关，河流下游的洪水冲沟和洼地的植被可能依赖河流渗漏、季节性洪水和地下水。地下水依赖生态系统通常可以划分为依赖地下水溢出量的生态系统和依赖地下水位的生态系统。

艾丁湖流域常见耐旱植物根系长度见表 2-5。

表 2-5　艾丁湖流域常见耐旱植物根系长度　　　　　　（单位：cm）

植物	根系长度	最长根系
柽柳	92	
梭梭	190	500
当年生骆驼刺幼苗	155	
成龄骆驼刺	1200	3000
芦苇	3	100～220（不定根）
膜果麻黄	130	
盐爪爪	20～40	
白刺	0～20	190

资料来源：陈世鐄，2001。

根据艾丁湖流域植被调查，研究区典型天然植物主要有9种，包括柽柳、梭梭、盐穗木、盐节木、骆驼刺、芦苇、花花柴、刺山柑、膜果麻黄。部分植物适宜生长的土壤含水率见表2-6。

表2-6　艾丁湖流域常见耐旱植物及其适宜生长的土壤含水率范围　（单位:%）

植物	适宜生长的土壤含水率
柽柳	9.5 ~ 27.7
梭梭	3.4 ~ 24.8
骆驼刺	0.87 ~ 27.12
刺山柑	1.73 ~ 17.85
芦苇	3.45 ~ 36.45

资料来源：张晓和董宏志，2017。

本书收集已有成果中关于艾丁湖流域植被类型分布图［图2-3（a）］，确定本次野外植被分布类型的调查方法为方格法，调查艾丁湖流域自然绿洲区，面积为1323km²，确定了艾丁湖流域自然绿洲区1：5万植被类型分布图，如图2-3（b）所示。结合前人对西北干旱区地下水生态水位研究的成果，考虑艾丁湖流域具体植被、土壤分带，初步建立艾丁湖流域地下水生态水位控制指标分带。

根据艾丁湖流域土壤质地分布（图2-4），利用土壤质地数据库中的砂、粉砂、黏土含量以及土壤密度，采用ROSETTA软件计算各种土壤质地对应的VG模型的各参数（图2-5），得到艾丁湖流域生态水位下限分布图（图2-6）。

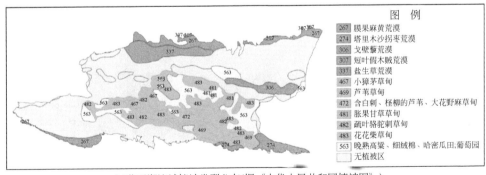

	图　例
267	膜果麻黄荒漠
274	塔里木沙拐枣荒漠
306	戈壁藜荒漠
307	短叶假木贼荒漠
337	盐生草荒漠
467	小獐茅草甸
469	芦苇草甸
472	含白刺、柽柳的芦苇、大花野麻草甸
481	胀果甘草草甸
482	疏叶骆驼刺草甸
483	花花柴草甸
563	晚熟高粱、细绒棉、哈密瓜田,葡萄园
	无植被区

(a)艾丁湖流域植被类型分布(据《中华人民共和国植被图》)

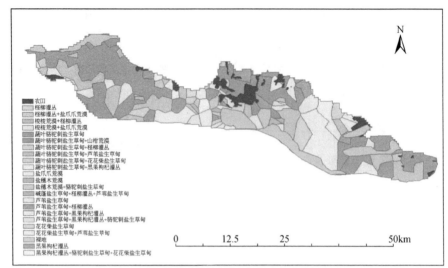

(b)艾丁湖流域植被类型分布(野外实地调查)

图 2-3　艾丁湖流域植被类型分布

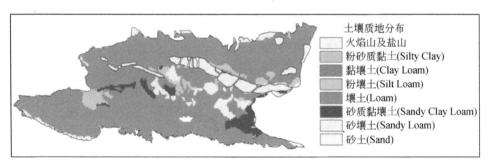

图 2-4　艾丁湖流域土壤质地分布

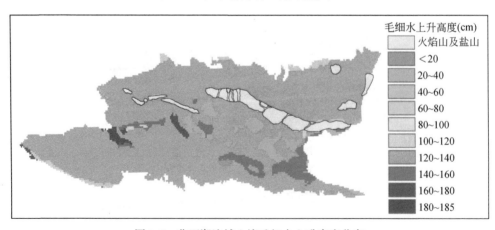

图 2-5　艾丁湖流域土壤毛细水上升高度分布

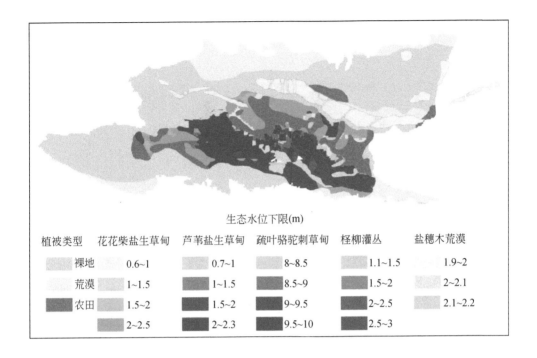

生态水位下限(m)

植被类型	花花柴盐生草甸	芦苇盐生草甸	疏叶骆驼刺草甸	柽柳灌丛	盐穗木荒漠
裸地	0.6~1	0.7~1	8~8.5	1.1~1.5	1.9~2
荒漠	1~1.5	1~1.5	8.5~9	1.5~2	2~2.1
农田	1.5~2	1.5~2	9~9.5	2~2.5	2.1~2.2
	2~2.5	2~2.3	9.5~10	2.5~3	

图 2-6 艾丁湖流域生态水位下限分布

2.5 地下水水量水位控制分区

在艾丁湖流域地下水功能分区的基础上，将地下水功能分区与县级行政分区嵌套，并将自然绿洲区植被群落进行综合分区，形成艾丁湖流域地下水生态功能分区，共分为人工绿洲区、生态脆弱区（自然绿洲区）和生态敏感区（戈壁）三大区，共 13 个分区（图 2-7、图 2-8）。其中，对自然绿洲区根据不同群落的生态水位以及现状（2017 年）设置水位控制目标（表 2-7），保证艾丁湖湖区以及以西天然植被草场不再继续退化，人工绿洲区设置地下水开采量控制目标，保证绿洲区地下水实现采补平衡。但人工绿洲区实现地下水采补平衡以前，由于仍处于超采状态，地下水位将继续下降，有可能导致南盆地艾丁湖以北自然绿洲区地下水位下降，引起天然植被继续退化。

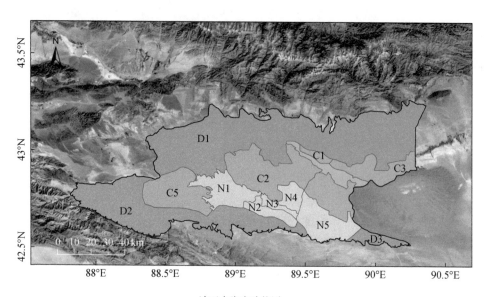

地下水生态功能区

地
下
水
生
态
功
能
区

┌ 生态敏感区　（戈壁）

├ 人工绿洲区　C1：高昌区北盆地; C2:高昌区南盆地; C3：鄯善北盆地;
　　　　　　　C4：鄯善南盆地; C5：托克逊

└ 生态脆弱区　（自然绿洲区）
　　　　　　　N1：疏叶骆驼刺草甸; N2：芦苇盐生草甸，柽柳灌丛;
　　　　　　　N3：柽柳灌丛+盐穗木荒漠; N4：疏叶骆驼刺草甸+柽柳灌丛;
　　　　　　　N5：骆驼刺盐生草甸+花花柴盐生草甸

图 2-7　艾丁湖流域地下水生态功能区及地下水水量水位双控分区

(a)山前戈壁

(b)沼泽植被区（大草湖）

(c)人工绿洲区

(d)天然草甸

(e)灌丛植被区

(f)盐生植被

图 2-8　艾丁湖流域典型生态景观

表 2-7 艾丁湖流域地下水生态指标体系

分区		位置、地貌特征	分区编号	植被种类	土壤岩性、类型	控制指标	指标层	生态水位
生态敏感区	山前戈壁荒漠植被区	山前戈壁平原	D1、D2、D3	—	砂砾	—	—	—
人工绿洲区	北盆地人工绿洲区	北盆地人工绿洲、地下水溢出带	C1、C3	栽培植物	粉土、粉质黏土	地下水位、地下水开采量	地下水开采量	现状开采量
							地下水控制水位上限	2~3m
							地下水控制水位下限	现状水位
	南盆地人工绿洲区	南盆地	C2、C4、C5	栽培植物	粉土、粉质黏土	地下水位、地下水开采量	地下水开采量	采补平衡开采量
							地下水控制水位上限	2~3m
							地下水控制水位下限	采补平衡水位
自然绿洲区	低地草甸	艾丁湖西部、北部	N1、N4、N5	骆驼刺	粉土、粉质黏土	地下水生态水位	天然植被生长状况	生长良好
							地下水生态水位上限	2~3m
							地下水生态水位下限	7~10m
	灌丛植被区	艾丁湖北部、西部洪水冲沟、平原连接地	N2	芦苇、柽柳	粉土、粉质黏土、黏土	地下水生态水位	天然植被生长状况	生长良好
							地下水生态水位上限	2~3m
							地下水生态水位下限	4~5m
	艾丁湖周边荒漠植被区	艾丁湖核心区周边、地势低洼、地表分布大量盐碱壳	N3	盐穗木	粉土、粉质黏土、黏土	地下水生态水位	天然植被生长状况	生长良好
							地下水生态水位上限	2~3m
							地下水生态水位下限	4~5m

2.6 本章小结

艾丁湖流域地处亚洲腹地，山区岩石大部裸露，难以涵养水分，植被相对稀少；山前倾斜平原由粗颗粒砂砾石组成，下渗强烈，只在个别低洼处生长有零星梭梭、铃铛刺、骆驼刺、盐蒿等灌木草本植被；平原区除人类活动区域内的绿洲外，以荒漠戈壁为主，植被覆盖程度也较低，只在潜水埋深较浅之处生长有片状零星分布的骆驼刺、红柳、白刺、芦苇等耐旱植物。基于方格法的野外植被调查，野外调查自然绿洲区的面积为 1323km^2，确定了艾丁湖流域自然绿洲区 1∶5万植被类型分布图。结合前人对西北干旱区地下水生态水位研究的成果，考虑艾丁湖流域具体植被、土壤分带，初步建立艾丁湖流域地下水生态水位控制指标分带。在艾丁湖流域地下水功能分区的基础上，将地下水功能分区与县级行政分区嵌套，并将自然绿洲区植被群落进行综合分区，形成艾丁湖流域地下水生态功能分区，共分为人工绿洲区、自然绿洲区和生态敏感区三大区，共 13 个分区。其中，对自然绿洲区根据不同群落的生态水位以及现状（2017 年）设置水位控制目标，保证艾丁湖湖区以及以西天然植被草场不再继续退化，人工绿洲区设置地下水开采量控制目标，保证绿洲区地下水实现采补平衡。

| 第 3 章 |　　地下水–季节性河流–湖泊耦合模型开发

3.1　模型开发主要目的及实现的特色功能

艾丁湖流域生态环境恶化主要是由于水资源不合理开发造成的，依赖地下水的生态系统不仅受地下水开采影响，也必然受流域整体水资源开发的影响。艾丁湖流域地表水和地下水相互作用强烈，自然水循环和人工取用水过程复杂，常见的地下水模型难以高效模拟地下水和湖泊的相互作用以及坎儿井特殊的取水过程，而传统的水文模型难以详细刻画复杂的渠系灌溉系统与取用水和渠首分水过程，需要针对性地开发模型工具，对这些水文过程进行模拟。

艾丁湖流域地下水补给主要来自盆地周边高山融雪形成的河流渗漏，根据盆地内部地下水、人工绿洲、生态植被、尾闾湖泊之间水分转化利用关系复杂、交互作用强烈的特点，本研究自主开发了适用于干旱区盆地地表–地下水分布式模拟 COMUS 模型，实现的特色功能包括基于实现了新疆艾丁湖流域出山河流入渗—渠系引水渗漏—绿洲灌溉回归—泉水出流—泉集河汇流—坎儿井开采—机井开采—湖泊耗水—生态植被耗水等全链条地下水文过程模拟（图 3-1），在地下水模拟常规水量平衡模拟基础上，主要开发了季节性河流和湖泊两个功能模块，作为不同用水方案下的地下水流场变化预测和生态效应分析，模拟艾丁湖流域地下水合理利用方案和生态保护方案下地下水演变的重要技术工具。

COMUS 模型采用模块化设计架构（图 3-2），基础模块包括单元间渗流模块，井模块、面状补给、潜水蒸发模块、通用水头模块、排水沟模块等，实现地下水模拟软件模拟的地下水模型单元间流动、井抽水、面状补给、潜水蒸发等常规模拟功能。实现的特色功能如下。

1）地下水–季节性河流耦合模拟（季节性河流模块）

COMUS 模型针对多数地下水模拟软件对河网系统的分水处理不灵活，对所有河流进行人工编序造成输入准备工作极为烦琐的问题，将河网系统在空间上分为河网、河系、河流和河段 4 个层次，在以河段为基本单元进行地下水–河流耦

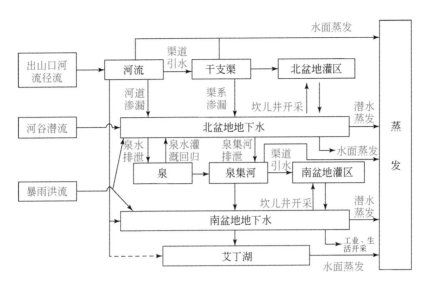

图 3-1　艾丁湖流域水循环示意

图中红色水资源转化过程及转化量由模型模拟计算

合模拟的基础上，COMUS 模型提出了按照指定流量分流和按照分水比分流两种分水方式，并实现了河网中各条河流模拟次序的自动识别功能，用户可以任意顺序输入河段信息并可进行河流的增添和删除，从而大大简化了复杂河网系统模拟的输入准备工作。该模型在模拟季节性河流与地下水间的水量交换，计算河道渗漏、地下水排泄的基础上，能够模拟河流上游引水、下游分水、河道内蒸发等影响下的河流输水过程以及河流流量/水位动态变化。

2）地下水–湖泊相互作用模拟（湖泊模块）

COMUS 模型克服了采用有限差分法模拟湖泊过程中网格划分过于复杂且收敛不稳定的问题，提出了湖泊模拟的倾斜湖底法（sloping lakebed method，SLM）。SLM 中湖底高程在垂向上的离散独立于含水层系统的网格离散，含水层系统的剖分可大为简化，避免了含水层垂向剖分过细导致的地下水单元干-湿转换计算不稳定的问题；SLM 根据湖泊水位和湖底高程之间的相对关系，将湖泊计算单元分为完全积水、部分积水和完全未积水三种状态模拟湖泊–地下水相互作用，不同状态之间的切换过程中能够保证边界条件的连续性，从而有利于计算过程的收敛。

3）灌区引水渠系输水和引水过程智能模拟

目前多数地下水数值模拟软件无法对灌区进行供水模拟，其难点一是无法根据灌区的需水量自动确定渠首的总引水量；二是由于渠系拓扑关系与河系相反，渠系中的渠道之间是分水关系，需要对各个河道/渠道存在分水关系的交汇点进

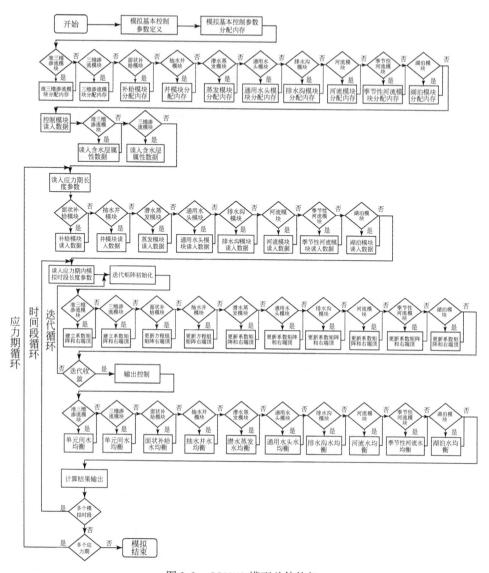

图 3-2　COMUS 模型总体构架

行需水量处理。COMUS 模型基于季节性河流模块实现了灌区引水渠系输水和引水过程的智能模拟，构建了一种全新的模拟单元——输水通道，其主要作用是存储与河道/渠道有关的数据信息，并用来建立河道/渠道的拓扑结构，基于输水通道的需水和分水计算，首次采用逆序渠道需水计算方法，根据渠道末端需水量和沿途消耗量自动计算渠首总需水量，并对所有进行输水通道分水需水更新后，再进行顺序供水模拟，从而顺利解决了渠系分水模拟的上述两个技术难题，实现了灌区干、支、斗渠等复杂渠道系统的渠道引水、输水和不同用水方式的智能化模拟。

4）模拟坎儿井

坎儿井是我国著名的地下水利灌溉工程，是中国古代"水文化"的象征之一。坎儿井主要由竖井、暗渠、明渠、涝坝（蓄水池）等组成，坎儿井这一特有地下水利工程结构复杂，且水流在地下的运动迁移状态较为隐蔽，当前地下水模拟中通常将其简单当作竖井概化处理，不能客观反映坎儿井的取用水和沿途水流过程。COMUS 模型基于季节性河流模块实现了坎儿井的集水输水渠段与地下含水层之间的水量交互关系的刻画，将整个坎儿井系统分为暗渠段、明渠涝坝取水段和漫流区三个部分，分别进行坎儿井的取水、用水和沿途渗漏，以及非灌溉时期的排水入渗过程，从而实现了坎儿井系统从取水、输水、用水到入渗回补地下水的全部水流过程。

3.2　季节性河流与地下水耦合模拟

3.2.1　河流与地下水耦合模拟进展

为刻画地下水与河流的关系，需要进行地下水与河流系统模拟分析，最开始，地下水模拟及预测多采用的是简单的水均衡法及水文地质比拟法，对于边界条件的认识常常将河流当作定水头边界或者给定水头边界来处理，而这在很多情况下并不符合实际情形。在实际情形中河流的水位、与含水层交换的流量都是动态变化的，这种复杂机制用传统方法难以刻画。随着计算机技术的发展，数值模拟在地下水计算分析中得到了应用，计算理论和实测地下水分析能力都取得了很大的进步，地下水与地表水的动态关系也得到了较好的刻画。目前地下水与河流系统数值模拟方法主要有有限差分法、有限单元法、边界元法和有限体积法等，几十年来，基于这些模拟方法各种地下水数值模拟软件不断涌现，包括 MODFLOW、FEFLOW、GMS 等。MODFLOW 是美国地质勘探局（United States Geological Survey，USGS）开发的三维地下水流模拟模型，可以模拟井流、河流、排泄、蒸散和补给对非均质与复杂边界条件的水流系统的影响，目前是世界上最著名的地下水模拟模型。

当前以 MODFLOW 为代表的基于单元中心的有限差分法的数值模拟模型，运用迭代求解的方法求解描述地下水各种状态的偏微分方程定解问题。主要过程如下，通过把研究区在空间和时间上进行离散，将流域/区域划分为网格单元或地形单元。因为整个河网都进行了网格式离散，所以每条河流都被切割成一格一格的河段，每段完全被包含在一个单独的计算单元之中。给出每个计算单元上的参数，用各河段与其所在的计算单元之间的渗流来模拟河流-含水层之间的水力联系，建立研究区每个计算单元的水均衡方程式，所有计算单元方程与边界条件联立成为一组大型的线性方程组，通过迭代求解得到网格间的水头、流量的变化情况，刻画季节性河流与地下水的运动关系。

　　基于中心单元有限差分法的数值模拟软件对研究区进行时间和空间上的离散，在离散的网格上用差商近似代替微商，将微分方程及其定解条件转化为代数方程，迭代求解得到水头值。而由于每个离散的网格单元都包含了输入和输出项，上游的出流量等于下游的入流量，必须按照河流的汇流顺序将网格单元进行排序。大多模拟软件在这方面要求用户自行指定河流的汇流关系：对所有河流进行编序，将河系中各条河流按汇流的次序排列成序列，并以序号对序列中的河流逐一加以命名，以便于之后进行模拟运算。但在如图 3-3 所示的纵横交错的复杂河网中，这项工作烦琐且易错，若河网关系或汇流顺序排列不当将导致整个程序的模拟结果出现计算错误。在程序无检查情况下，产生的错误隐蔽难以排查。此外，模拟软件在生成河网时对分流河流的处理并不灵活。河流需要按照分流比进行分流时，需要用户自行将分流比换算成固定流量值输入到各分流项，并且无法处理可分水量小于下游所有分水河流的总需水量的情形。

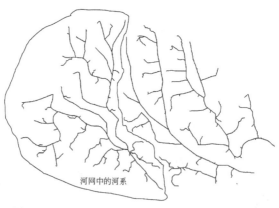

河网中的河系

图 3-3　河网、河系、河流、河段之间的构成关系

　　综上所述，针对地下水数值模拟软件存在的不足，本研究提出了一种基于地下水模型的季节性河流模拟技术方案，实现了以下几个目标：①具有自动搜索河网中各条河流模拟次序的能力，通过算法自动把整个河网中的河流按照汇流次序划分完毕并按序逐一命名，以满足定量分析的需要；②完善了多条河流分流的功能，能够模拟多条河流的定量分流和按比例分流情形、可分水量大于或小于总需水量的情形；③优化输入输出数据界面，使模拟过程直观且易于推广应用。

3.2.2 河网系统及汇流结构

本研究将河网系统在空间上分为四个层次：河网、河系、河流和河段。河网指的是研究区范围内所有交错纵横的河流所构成的地表水通道系统。河网中的河流可能经多个流域出口流出，因此将河网分为多个河系，每个河系对应一个流域出口。河系由多条河流组成，其中河流是地表水流经的某一条通道，具有上游和下游的概念，水量经由每条河流的上游流动到下游，并汇入其下一级河道，成为下一级河流上游的入流量，水量通过河流的逐级汇流，最终从河系的最下级河流的下游出口流出。图 3-3 示意了研究区范围内的河网，并圈出了其中的一个河系（研究区范围内共有 3 个河系）。

算法中各条河流是相互独立的地表水通道单元，为了模拟河流地表水与地下水之间的相互耦合作用，需要将河流按其地下水差分网格之间的空间分布关系将河流划分为各个河段。河段是指某河流分布在某地下水网格单元中的一段，是模拟河道地表水和地下水相互作用的基础单元。河流中水量从上游向下游流动，因此将河流从上游到下游按地下水差分网格单元逐段划分并将河段按顺序进行编号，河段编号从小到大的相对顺序代表了水流的流动方向。图 3-4 显示了河流、地下水差分网格单元、河段之间的示意关系。图 3-4 中有 7 条河流，其中第 1 条河流分为 2 个河段，第 2 条河流分为 4 个河段。在河流、河段数据信息齐备的基础上，可以设计河流单元的数据结构体，从而在模拟过程中方便信息数据的组织和使用。河流单元数据结构体的内部结构如图 3-5 所示，每个结构体中包含两个单元指针数组，分别为上游单元指针数组和分流单元指针数组。其中上游单元指

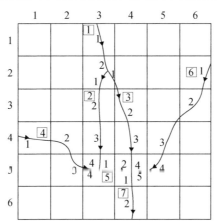

图 3-4　河网结构示意

针数组保存所有向本河流单元汇流的上游河流单元的指针；分流单元指针数组保存本河流单元所要分流的河流单元的指针。此外还包括一个下游单元指针数组，保存本河流单元汇流的下游河流单元的指针。此外数据结构体中还包括本单元自身的数据，包括单元编号数据、单元属性数据、单元分流数据等信息。河流单元的各条河段的数据也以数组的形式包含在河流单元数据结构体中。

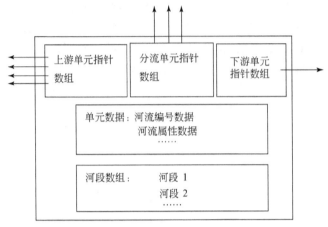

图 3-5 河流结构体内部示意

在河流单元数据结构体的基础上，利用河流单元数据结构体对象指针可以构建研究区整体河网的汇流结构。方法中将针对每一条河流及其河段的数据信息生成河流单元数据结构体对象，再利用河流的上下游关系、河流分流关系和河流单元数据结构体对象指针将不同的河流单元数据结构体连接起来，形成模拟中的河网汇流结构，如图 3-6 所示。

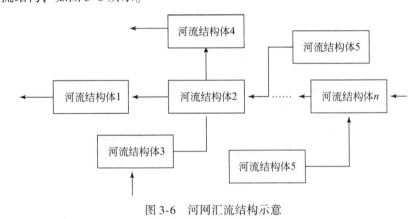

图 3-6 河网汇流结构示意

在河网汇流结构构建过程中（图3-7），需要考虑天然和人工两方面的因素，一是河网中不同河流的上下游关系，即天然河网的拓扑结构；二是不同河流之间的人工分水联系，即人类干预下的调水关系。

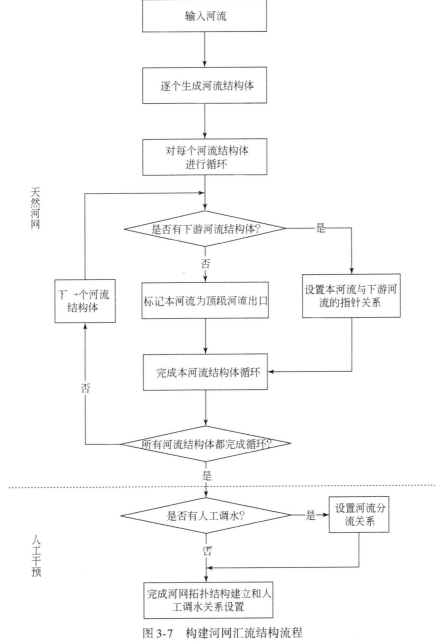

图 3-7　构建河网汇流结构流程

（1）根据特定的算法解析数据库中关于季节性河流边界数据的所有字段，从中提取河流信息和属性信息，并确定河流编号。检查编号连续性之后采用哈希表结构存储河流的编号信息，方便后续分析计算时进行查询。

（2）针对用户输入的每条河流的数据，都生成一个河流单元数据结构体对象。

（3）按河流编号依次遍历所有河流结构体，进行如下判断，本河流结构体是否有下游河流结构体，若有下游河流结构体则设置对象指针关系，主要过程为：将本河流结构体的下游单元指针指向下游河流结构体的上游单元指针数组；若没有下游河流结构体，则标记本河流结构体为顶级河流出口，并将其加入顶级河流出口数组。如此将河网中的所有自然河流结构体关系设置完毕。

在有人类干预的状况下，河流之间存在相互的调水关系，河网关系将更为复杂，需要在自然河网的基础上用河流结构体的分流单元指针数组设置调水关系。河网数据结构的构建具体算法如下：按河流编号依次循环所有河流结构体。当某河流结构体单元数据中的首端入流量值不为 0 且分流河流编号不为 -1 时，该河流结构体即分流河流结构体。其中，首端入流量和分流河流编号分别从数据库中的 INFLOW 和 DIVSEGM 字段解析得到。之后将该分流河流结构体的上游单元指针数组中的指针指向上游河流结构体的分流单元指针数组，此时该分流河流结构体河流的分流关系设置完毕。

3.2.3 设置河流间分水方式

在生成模拟路径之后，需要对分流河流的分水方式进行设置。本研究提供了两种不同的分水方式以适应不同的使用情形：按照指定流量分流和按照分水比分流。用户可指定某分流河流的分流方式，数据存储于数据库中的 DIVOPT 字段。

若 DIVOPT 字段为 1，表示各分流河流按照分水比从被分流河流进行分流。公式如下：

$$QDIV_i = \beta_i QRIV, \quad QNRIV = \left(1 - \sum_{i=1}^{n} \beta_i\right) QRIV$$

$$\beta_i = \alpha_i, \quad \sum_{i=1}^{n} \alpha_i \leqslant 1 \tag{3-1}$$

$$\beta_i = \frac{\alpha_i}{\sum_{i=1}^{n} \alpha_i}, \quad \sum_{i=1}^{n} \alpha_i \geqslant 1$$

式中，n 为分流河流的数量（$n \geqslant 1$）；i 为第 i 条分流河流（$i \leqslant n$）；QRIV 为被分流河流末端出流量；$QDIV_i$ 为第 i 条分流河流分得的流量；α_i 为第 i 条分流河流的分流比例；QNRIV 为分流之后剩余流入下游河流的流量。若各条分流河流的分水比例之和小于 1，则将出流流量按照比例 β_i 进行分流，剩余流量汇入下游河流；若分水比例之和大于 1，则河流下游没有流量，各分水河流按照比例 β_i 分流。

若 DIVOPT 字段为 0，表示各分流河流按指定流量从被分流河流进行分流。公式如下：

$$QDIV_i = Q_i, \quad QNRIV = QRIV - \sum_{i=1}^{n} Q_i, \quad \sum_{i=1}^{n} Q_i \leqslant QRIV$$

$$QDIV_i = \alpha_i QRIV, \quad \alpha_i = \frac{Q_i}{\sum_{i=1}^{n} Q_i}, \quad \sum_{i=1}^{n} Q_i \geqslant QRIV \tag{3-2}$$

式中，Q_i 为第 i 条河流分得的指定流量，位于字段 INFLOW 中。若被分流河流的出流量大于各分流河流的需水量，则按照指定流量进行分流，剩余流量汇入下游河流；若被分流河流的出流量小于各分流河流的需水量，则河流下游没有流量，各分水河流按照指定流量进行分流。

3.2.4　河流地表水与地下水间相互作用数值模拟

无论哪种地下水数值模拟方法，都是基于相同的三维地下水动力学方程的：

$$\frac{\partial}{\partial x}\left(K_{xx} \cdot \frac{\partial h}{\partial x}\right) + \frac{\partial}{\partial y}\left(K_{yy} \cdot \frac{\partial h}{\partial y}\right) + \frac{\partial}{\partial z}\left(K_{zz} \cdot \frac{\partial h}{\partial z}\right) \quad W = S_s \frac{\partial h}{\partial t} \tag{3-3}$$

式中，K_{xx}、K_{yy} 和 K_{zz} 为渗透系数在 x、y 和 z 方向上的分量（m/s）；h 为水头（m）；W 为单位体积流量（s^{-1}），用以代表来自源汇处的水量；S_s 为孔隙介质的储水率（m^{-1}）；t 为时间（s）。

本研究基于水动力学方程，建立河段单元网格与地下水含水层之间的水力联系。河段作为模拟的最小单元，通过计算与其所在的地下水网格单元之间的渗漏量来模拟河流–含水层之间的水力联系。每个网格单元都会建立一个水均衡方程式，使单元入流量减单元出流量等于网格单元流量的变化量，变化量有正有负。是河流向地下河系统提供水源还是地下河系统向河流排泄地下水，取决于流域地下水之间的水力梯度。本研究使用地下水网格单元节点（位于单元的中心）处的水头来计算每个河段与地下含水层之间的渗漏量。水头值可以由用户指定也可以由算法自行计算。

与河流单元类似，河段单元中也包含大量属性信息。包括位置信息，如河段编号、所在单元网格的位置等；属性信息，如水力传导度、河床顶底部高程、河流水位、曼宁糙率系数等。

当河流的水位由用户指定时，只需读取数据库中 HRIV 字段。计算河段渗漏的过程只要考虑河床底积层底面水头与读取的计算单元水头的关系。当含水层水头 $h_{i,j,k}$ 已经下降至河床底积层底面之下时，在其下形成了一个非饱和带。如果假定河床底积层本身保持饱和，河床基底处的某点的水头可简单地视为该点的高程，即 RBOT，位于字段 STRBTM 中，则穿过河床底积层的流量为一个常数值，由式（3-4）给出：

$$QRIV = CRIV(HRIV-RBOT), h_{i,j,k} \leqslant RBOT \qquad (3-4)$$

式中，QRIV 为河流与含水层之间的流量，水流由河流流向含水层时取正值，位于字段 STREAM 中；HRIV 为河流的水位，位于字段 STRSTAGE 中；CRIV 为河流–含水层互相连接的水力传导系数，位于字段 COND 中；$h_{i,j,k}$ 为河流河段所在的单元计算水头。含水层水位高于河床底积层的底面，流经该底积层的流量与河流和含水层的水头差成正比，即

$$QRIV = CRIV(HRIV-h_{i,j,k}), h_{i,j,k} > RBOT \qquad (3-5)$$

河流与计算单元之间的流量，以水头 $h_{i,j,k}$ 作为变量。当 $h_{i,j,k}$ 等于河流水位 HRIV 时，流量为零。当 $h_{i,j,k}$ 值变大时，流量取负值，也就是说，地下水流向河流；当 $h_{i,j,k}$ 值变小时，流量取正值，也就是说，河流流向含水层。在 $h_{i,j,k}$ 达到 RBOT 之前，这个正流量随 $h_{i,j,k}$ 降低而线性增加，此后，流量保持为常量值。

模拟过程中若算法检测到数据库中 BCALSTAGE 字段为 1 时，表示不采用字段 STRSTAGE 中的河流水位，而是根据曼宁公式自动计算每个河段水位，计算公式如下：

$$Q = \frac{c}{n}(AR^{2/3}S^{1/2})$$
$$A = wd \qquad (3-6)$$
$$R = \frac{wd}{w+2d}$$

得到水位的表达式为

$$d = \left[\frac{Qn}{cws^{1/2}}\right]^{3/5} \qquad (3-7)$$

式中，Q 为河流每个河段的入流量；n 为曼宁糙率系数，位于字段 STRNDC 中；c 为河段与含水层间的水力传导度，位于字段 COND 中；R 为水力半径；A 为河段断面面积；d 为河段水位；w 为河段的河床宽度，位于字段 STRWDT 中；s 为河段处的河床坡降，位于字段 STRSLP 中。算法自动获取每个河段水位后计算出河段的渗漏量。

需要注意的是，无论是指定水位计算还是自动水位计算，一个河段的上游入流量减去本河段的渗漏量（或加上地下水向本河段的渗出量）后，将作为本河段的下游出流量流向下一个河段，成为下一个河段的上游入流量。这样逐次可将

河流流量从河流的最上游河段计算到河流的最下游河段，该流量接着又将成为下一条河流的上游入流量，该过程将一直持续到河流水量离开河网系统。

基于中心单元的有限差分模拟软件会根据地下水动力学方程对模型中每一个计算单元写出一个基于水量均衡的差分方程（除无效计算单元或常水头计算单元）。差分方程如下：

$$CV_{i,j,k-\frac{1}{2}}h_{i,j,k-1}^m + CC_{i-\frac{1}{2},j,k}h_{i-1,j,k}^m + CR_{i,j-\frac{1}{2},k}h_{i,j-1,k}^m$$

$$+ \left(-CV_{i,j,k-\frac{1}{2}} - CC_{i-\frac{1}{2},j,k} - CR_{i,j-\frac{1}{2},k} - CR_{i,j+\frac{1}{2},k} - CC_{i+\frac{1}{2},j,k} - CV_{i,j,k+\frac{1}{2}} + HCOF_{i,j,k} \right)h_{i,j1,k}^m$$

$$+ CR_{i,j+\frac{1}{2},k}h_{i,j+1,k}^m + CC_{i+\frac{1}{2},j,k}h_{i+1,j,k}^m + CV_{i,j,k+\frac{1}{2}}h_{i,j,k+1}^m = RHS_{i,j,k}$$

$$(3-8)$$

式中，CR、CC、CV 分别为网格单元（i，j，k）处沿行、列、层之间的水力传导系数；h 为地下水位；HCOF 为与水头有关的源汇项；RHS 为流量源汇项。

将这些差分方程联立求解。对于有河段出现的每个计算单元，每次迭代开始时，在流动方程中都相应添加河流渗漏量，将渗漏量作为边界参数代入地下水渗流计算有限差分公式中，流量项是以某一时间段长的结束时间 t_m 为准，通过比较该计算单元的最新水头值和河底标高值决定。因为这个选择过程在每次迭代开始时就已经完成，最新的水头值（HNEW）是上一次迭代求得的值。因此，检查判断究竟使用哪一个河流渗流方程，比起渗流的计算要滞后一次迭代。计算渗流要用到的三个参数为：河水位（HRIV）、河流-含水层相互连接的水力传导系数（CRIV），以及河流渗透达到极限时的高程位置（RBOT）。

3.3 渠系自动分水模拟

目前地下水数值模拟商业软件无法精确地模拟灌区渠系单元的地下水，也无法对灌区进行供水模拟。主要的问题有两点：

一是目前还无法根据灌区的需水量确定渠首的总引水量。因为在地下水模型中，每条引水渠道或用水渠道都有渗漏量与蒸发量，而这两个量是根据水位不断变化的，因此不能通过累加需水量的形式确定渠首的总引水量。

二是河系与渠系之间的树状拓扑结构完全相反。河系是指一定流域范围内，由地表大大小小的水体构成的脉络相通的水系统。河系中的河流都为自然河流，根据水往低处流的特性，不论是溪、泉还是冰川湖泊都会在流域出口处汇合成一条河流；渠道是指水渠沟渠这样的人工建造的水流通道，其中输水渠道和灌溉渠道是从水源处取水、输送和分配到灌区的各个区域的水道。根据多级渠道划分的原则，总干渠的水量通过支渠、斗渠、农渠、毛渠逐层分配到田间，就如同植物根系结构般层层分水。总的来说，河系中的河道之间是汇水关系，而渠系中的渠道之间是分水关系，它们的结构正好完全相反。对各个节点（河道/渠道存在分水关系的交汇点）处的需水量处理仅凭目前的数值模拟软件还难以实现。

针对目前地下水数值模拟软件存在的不足，本书提出了一种基于地下水模型的渠系分模拟方法（图3-8），实现了以下几个目标：①实现渠系首端总需水量的计算；②完成河道/渠道各节点处的分水比例权重关系设置，实现自动分水功能；③将水分配到渠系单元，实现渠系的供水模拟。

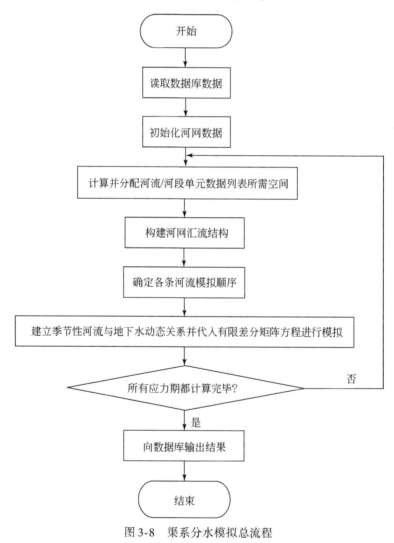

图3-8　渠系分水模拟总流程

渠系分水模拟总过程大致包含以下几个部分：

（1）从数据库读取所需数据信息并构建模拟输水通道。模拟开始之后首先从数据库读取模拟所需的信息，并检查数据的完整性。从数据库读取的信息将分配到各个输水通道上。而输水通道是构建的用于模拟河道/渠道系统的模拟单元。

（2）根据输水通道的数据信息构建模拟的拓扑结构。根据输水通道中的上游通道编号、下游通道编号、分流通道编号的数据信息建立各个输水通道之间的上下游关系，完成模拟的拓扑结构建立。

（3）利用逆序的需水计算和顺序供水模拟的迭代过程确定供水方法。河系与渠系之间的树状拓扑结构完全相反，因此想要对河道和渠道的汇水供水关系进行模拟就必须确定渠首取水口处的流量。首先逆序的需水计算将渠系末端需水量通过渠系逐级累加至渠首，计算出渠首的总需水量；然后以计算出的总需水量为基础进行顺序的供水模拟；再判断模拟结果是否收敛；一直重复上述迭代过程直至模拟结果收敛。

渠系自动分水模拟在技术内容方面包括以下部分（图 3-9）：一是构建模拟输水通道，二是进行逆序需水计算，三是进行顺序供水模拟，四是建立迭代矩阵。其中建立迭代矩阵的方式目前比较多见，这里只作为本技术方案实施的基础条件，逆序需水计算和顺序供水模拟的迭代方法是重点。以下对技术内容的三个部分分别进行详述。

3.3.1　构建模拟输水通道

为了实现对渠系需水和供水的模拟，在目前 MODFLOW 地表地下水耦合模块的河道单元的边界条件中添加了需水项和用水项，构建了一种新的模拟单元，并将其命名为输水通道（图 3-10）。其主要作用是存储与河道/渠道有关的数据信息，并用来建立河道/渠道的拓扑结构，实现对地下水与地表水交互作用的模拟。

输水通道中包含的数据信息主要包括入流、出流、补给和消耗几个部分。入流信息是指反映当前输水通道与上游的输水通道之间的联系的数据信息；同样，出流信息是指反映当前输水通道与下游的输水通道之间联系的数据信息；而补给和消耗信息是指反映当前输水通道与外界之间联系的数据信息。

3.3.2　建立迭代循环

建立迭代循环是计算供水需求的关键，在每次迭代的过程中会依次进行逆序

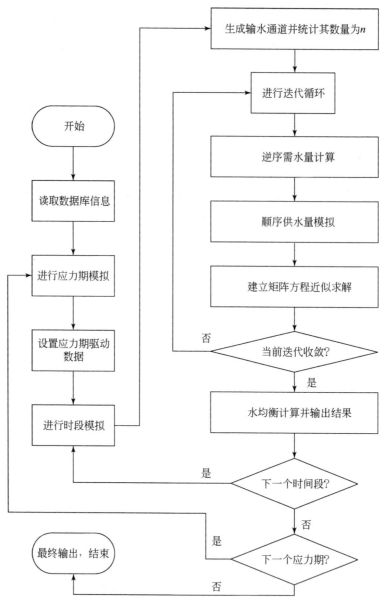

图 3-9 渠系自动分水模拟总流程

需水计算、顺序供水模拟、迭代矩阵建立和计算这几个步骤。迭代过程会一直进行，直到模拟结果收敛。

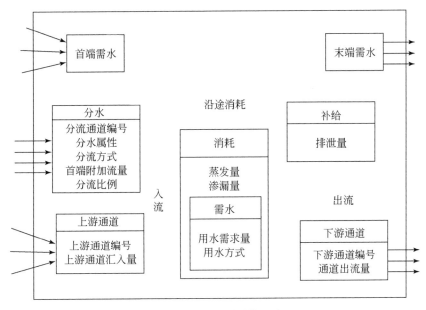

图 3-10 输水通道结构示意

1. 逆序需水计算

逆序需水计算是指在充分考虑消耗量的情况下，将河渠的末端需水量通过渠系逐级累加至渠首，并在每个节点处根据需水量设置引水量的过程（图 3-11）。

在每次迭代开始之后，首先会对所有输水通道按照模拟的顺序进行编号，并对它们的分水量数据进行初始化。然后根据编号对每个输水通道进行需水量计算。

对每个输水通道进行需水计算都会进行如下操作。

步骤一，检查本通道是否从上游分水并且自动计算分水量。如果是，表明本输水通道是一条引水量未知的分水渠道，需要计算需水量来确定其首端的引水量，则进行步骤二；如果为否，则进行步骤八。

步骤二，统计本输水通道末端的分水需求量。本通道的末端分水需求量是根据下游通道的首端需水量计算的，具体公式如下：

$$Q_{SDO} = \sum_{i=1}^{n} Q_{NDIi} \tag{3-9}$$

式中，Q_{SDO} 为本通道的末端分水需求量；n 为下游输水通道的数量（$n \geq 1$）；i 为第 i 条下游通道（$i \leq n$）；Q_{NDIi} 为第 i 条下游通道的首端需水量。

完成通道末端的分水需求量统计之后进行步骤三。

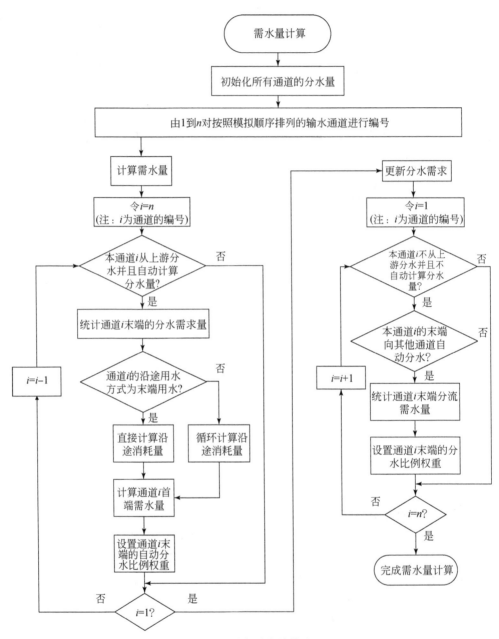

图 3-11 逆序需水计算流程

步骤三，检查本通道的用水方式。用水方式包括末端用水和沿途均匀用水两种。如果为末端用水，表示本输水通道沿途没有用水行为，仅在末端取水，则进行步骤四；如果为沿途均匀用水，表示本输水通道沿途存在用水行为，因此需要逐段计算出沿途的用水需求量，则进行步骤五。

步骤四，计算用水方式为末端用水情形下的沿途消耗量。通道的沿途消耗量是指本输水通道的补给量、消耗量之间的代数和。其中补给量为地下水向输水通道排泄的流量；消耗量包括蒸发量、渗漏量和用水需求量。具体计算公式如下：

$$Q_{con} = Q_{wdm} + Q_{leak} + Q_{et} - Q_{drain} \tag{3-10}$$

式中，Q_{con} 为通道的沿途消耗量；Q_{wdm} 为通道自身的用水需求量；Q_{leak} 为通道自身的渗漏量；Q_{et} 为通道自身的蒸发量；Q_{drain} 为地下水向通道的排泄量。其中用水需求量是从数据库中读取的定值；而渗漏量、蒸发量、排泄量都为变量，取值为上一次迭代模拟计算出的结果。

沿途消耗量计算完成后进行步骤六。

步骤五，计算用水方式为沿途均匀用水情形下的沿途消耗量。同样，沿途消耗量也为输水通道的补给量、消耗量之间的代数和。不同的是，此时的沿途消耗量是逐段累加的。

MODFLOW 在进行模拟时，将河流分割成段状并逐段进行模拟。因此，本方法首先将用水需求量也均匀地分配到段上，然后计算出每段的沿途消耗量，最后将每段的沿途消耗量进行累加得到输水通道总的沿途消耗量。具体计算公式如下：

$$Q_{con} = \sum_{i=1}^{n} \max\left\{ 0, \left(\frac{Q_{wdm}}{n} + Q_{leak} + Q_{et} - Q_{drain} \right) \right\} \tag{3-11}$$

式中，n 为输水通道的总段数（$n \geq 1$）；i 为输水通道的第 i 段（$i \leq n$）。需要注意的是，每段计算出的沿途消耗量不能为负值。

沿途消耗量计算完成后进行步骤六。

步骤六，计算本输水通道的首端需水量。首端需水量是指本输水通道的末端需水量、沿途消耗量、上游通道汇入量之间的代数和。具体计算公式如下：

$$Q_{DI} = Q_{SDO} + Q_{con} \tag{3-12}$$

式中，Q_{DI} 为本输水通道的首端需水量；Q_{SDO} 为本输水通道的末端分水需求量；Q_{con} 为本输水通道的沿途消耗量。

首端需水量计算完成后进行步骤七。

步骤七，设置本输水通道末端的分水比例权重。

在实际的模拟过程中，如果到达输水通道末端的实际流量小于末端分水需求量，表明流量无法满足下游通道的需水要求，则按照设置的分水比例对多条下游通道进行分水。设置分水比例的公式如下：

$$\beta_i = Q_{NDLi}/Q_{SDO}, \quad Q_{SDO} \geq 1 \times 10^{-30}$$
$$\beta_i = Q_{SDO}/n, \quad Q_{SDO} \leq 1 \times 10^{-30} \tag{3-13}$$

式中，Q_{SDO}为本输水通道的末端分水需求量；n为下游通道的数量（$n \geqslant 1$）；i为第i条下游通道（$i \leqslant n$）；Q_{NDI}为第i条下游通道的首端需水量；β_i为第i条下游通道的分水比例权重。分水比例权重的设置根据末端分水需求量的大小进行调整，当需求量大于1×10^{-30}时，按照下游各通道的需水流量比设置分水比例权重；当需求量太小时，则平均分配权重。

分水比例权重设置完成之后进行步骤八。

步骤八，检查是否对所有输水通道都进行了需水计算。如果没有，则对下一个输水通道进行需水量计算，进行步骤一。

完成需水量计算之后还要对总渠首处的分水的需水状况进行更新。因此对每个输水通道进行如下操作。

步骤九，检查本通道是否从上游分水且自动计算分水量。如果不从上游分水且不自动计算分水量则进行步骤十；否则，进行步骤十三。

步骤十，检查本通道的末端是否向其他通道自动分水。如果是，表明下游有引水的总渠首，需要对本通道进行分水需求更新，进行步骤十一；如果为否，则进行步骤十三。

步骤十一，统计本输水通道末端的分水需求量，具体算法与步骤二相同。统计完成后进行步骤十二。

步骤十二，设置本输水通道末端的分水比例权重，具体算法与步骤七相同。统计完成后进行步骤十三。

步骤十三，检查是否对所有输水通道都完成了分水需水更新。如果没有，则对下一个输水通道进行分水需水更新，进行步骤九。

当所有的输水通道都完成了需水计算和分水需水更新之后，逆序需水计算结束。此时，已经确定了灌区渠首的总引水量，并对所有分水的节点设置了分水比例权重。之后将进行顺序供水模拟。

2. 顺序供水模拟

顺序供水模拟是指由渠首开始逐级分配实际供水量，进行地下水地表水耦合模拟的过程。

通过调用数据库中的信息，对每条输水通道的补给量（地下水向输水通道排泄的流量）、消耗量（蒸发量、渗漏量和用水量）进行计算，并将计算结果代入矩阵方程迭代求解。同时利用逆序需水计算得到的渠首的总引水量和各节点分水比例权重关系建立各输水渠道之间的流量关系，最终完成渠系的供水模拟。

蒸发量、渗漏量计算的详细过程可以参考 MODFLOW。

3. 迭代矩阵建立和计算

基于中心单元的有限差分模拟软件会根据地下水动力学方程对模型中每一个计算单元写出一个基于水量均衡的差分方程（无效计算单元或常水头计算单元除外），差分方程见式（3-8）。将这些差分方程联立求解。由于线性方程数目过多，将其用矩阵的形式表示为 $[A]\{h\}=\{q\}$。采用迭代的方法进行求解。在迭代的过程中，每次迭代的结果都将经过处理后用于下一次的计算。不同的算法有不同的处理方法，在正常情况下，每次迭代后的水头变化逐渐减小，最终达到收敛。这样就完成了一个时间段的水头计算。是否收敛，通常由一个预先定义的收敛指标来确定，当两次迭代计算的最大水头差值小于该收敛指标时，称之为收敛。从初始水头开始，每一步求出每个时间段结束时的水头值，并用该值作为下一个时间段的初始值，并重复这样的过程，直至所要求的时间结束。如果输水通道水头未达到收敛值，则重新开始需水计算，直到迭代收敛为止。

3.3.3 水量均衡计算

当模拟结果收敛之后，就可以得到输水通道的水量平衡方程。

$$Q_{in}-Q_{out}=Q_{wdm}+Q_{leak}+Q_{et} \tag{3-14}$$

式中，Q_{wdm} 为通道自身的用水需求量；Q_{leak} 为通道自身的渗漏量；Q_{et} 为涌道自身的蒸发量；Q_{in} 为输水通道的首端实际流入量；Q_{out} 为实际流出量。其中首端实际流入量包含各上游通道的总汇入量和分流量/附加流量。

3.4 坎儿井模拟

坎儿井供水的重要特征是不需要任何动力，一年四季稳定常流，如果没有各种因素诱发的塌方，或者地下水位下降，每年清除暗渠内的淤泥就可稳定供水。而根据绿洲农业的生产属性，坎儿井的水又可分为灌溉期用途和非灌溉期用途。非灌溉期为吐鲁番盆地每年 11 月 15 日至次年 2 月底，平均为 100 天左右，这一时段的坎儿井水流向冬灌田、村民所拥有的苗圃林或其他树林，大部分流向下游的生态环境；每年 2 月底至 11 月中旬，坎儿井水全数用于灌溉各种作物，这一时段就是灌溉期。根据这种季节性的用水规律，基于地下水模型的季节性河流模块，提出了一种坎儿井的模拟方法。

3.4.1 坎儿井模拟概念模型

将坎儿井概化为季节性河流来模拟水流过程（图3-12）。将坎儿井分为三个部分进行模型的建立，第一部分为集水区域和暗渠段，模拟的是坎儿井的水流与地下水的补给排泄关系；第二部分为明渠涝坝取水段，模拟坎儿井水流在明渠和涝坝的水量损失和人工取用过程；第三部分为漫流区，模拟的是在非灌溉时期，

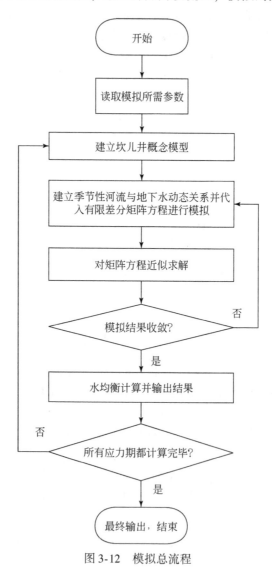

图3-12 模拟总流程

灌溉剩余水量入渗补给生态系统的过程（图3-13）。这三部分的渗漏、补给、蒸发、用水情况可以参见表3-1。

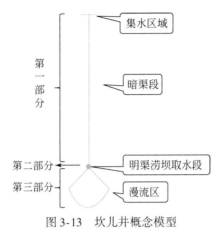

图3-13　坎儿井概念模型

表3-1　坎儿井各部分的补给和排泄方式

部分	名称	渗漏过程	补给过程	蒸发过程	用水过程
第一部分	集水区域和暗渠段	√	√	×	×
第二部分	明渠涝坝取水段	√	×	√	√
第三部分	漫流区	√	×	√	×

坎儿井的三个部分都用同一种坎儿井结构进行概化，其结构如图3-14所示，主要用于储存与坎儿井模拟相关的数据信息。

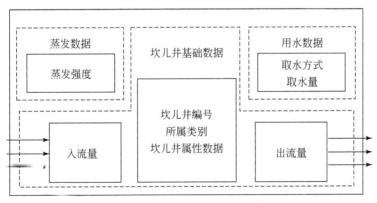

图3-14　坎儿井模拟结构示意

3.4.2 坎儿井模拟过程

1. 暗渠段

坎儿井的暗渠段实际上是一截埋在地底的地下暗河，因此只有补给与渗漏过程。如图 3-15 所示，根据地下水位与暗渠底部的高度差异，将暗渠段分为集水段和输水段。在集水段部分，地下水位高于暗渠通道的底部，含水层中的水流向着暗渠汇集补给；在输水段部分，地下水位低于暗渠通道的底部，水量在沿着渠道流动的过程中发生渗漏。

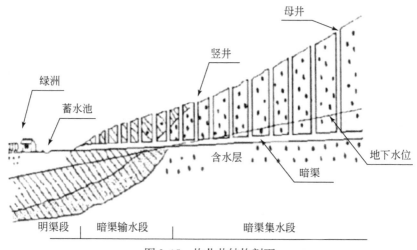

图 3-15　坎儿井结构剖面

为模拟水量补给和渗漏的过程，我们将暗渠按照地下水数值模拟的网格剖分成暗渠段，并采用达西（Darcy）定律推导的公式来计算暗渠与含水层之间的补给或渗漏量，用曼宁公式来计算暗渠水流量和水深。

$$Q_1 = \text{CSTR}(H_s - H_{\text{BOT}}), \quad H_a \leq H_{\text{BOT}}$$
$$Q_1 = \text{CSTR}(H_s - H_a), \quad H_a \geq H_{\text{BOT}}$$

(3-15)

式中，Q_1 为暗渠与地下含水层之间的补给或渗漏的流量，水流由暗渠向含水层渗漏时取正值，由含水层向暗渠补给时取负值；CSTR 为暗渠与含水层互相连接的水力传导系数；H_s 为暗渠中流淌的水流水位；H_a 为指地下水位；H_{BOT} 为暗渠基底高程。其中基底高程不能直接测量，但可以由坎儿井出水口的高程与暗渠段的长度进行反算。

式 (3-15) 描述的情形是含水层水头 H_a 已经下降至暗渠基底高程之下时，在其下会形成了一个非饱和带，则穿过河床基底的渗漏量为一个常数值；当含水层水位高于暗渠基底高程时，含水层与暗渠之间的渗漏或补给的水流量与它们之间的水头差成正比。

暗渠中的水位无法观测与给定，因此根据曼宁公式自动计算每段暗渠的水位 H_s，计算公式如下：

$$H_s = \left[\frac{Qn}{cws^{1/2}} \right]^{3/5} \tag{3-16}$$

式中，Q 为每个暗渠段的入流量；n 为曼宁糙率系数；c 为暗渠段与含水层间的水力传导度；w 为暗渠的宽度；s 为暗渠的坡降。利用自动获取的每个暗渠段水位计算出每段暗渠和地下含水层之间的补给或渗漏量。

暗渠段只有渗漏和补给过程，因此坎儿井与含水层之间的水量交换量 Q_{con} 为

$$Q_{con} = Q_1 \tag{3-17}$$

2. 明渠涝坝取水段

坎儿井的明渠和涝坝作为水利工程，贡献出的绿洲面积加起来可达到 2700 亩左右，水面为 800 亩左右，这样大的水面为改善环境所作出的贡献也是不言而喻的。这些小绿洲的形成是由于明渠存在渠道向含水层渗漏的过程，虽然这部分渗漏量不大，但它仍然可以创造绿洲，改善生态环境系统。

我们处理明渠渗漏量的方式与处理地下暗渠渗漏方法类似，也是通过将明渠分成渠段，然后分别模拟每段的渗漏量 Q_1。除此之外，由于明渠涝坝是开阔的水面，要考虑水面蒸发量和人工用水量。

蒸发损失的计算方式有很多，这里选取较简单的水面蒸发计算公式来计算每个渠段的蒸发量：

$$ET_p = \alpha wd \tag{3-18}$$

式中，ET_p 为潜在蒸发量；α 为蒸发强度；w 为渠道的宽度；d 为每截渠段的长度。计算出潜在蒸发量，并在当前渠段的实际入流量和单位时间潜在蒸发量之间选择最小值作为该渠段的实际蒸发量 Q_{eta}。

人工用水又分为厂矿企业、城镇的集中用水和灌溉的分段式用水。二者计算用水量的方式并不相同，集中用水是将用水量直接添加到明渠段上；分段式用水则需要将各个渠段的用水进行累加，以得到明渠涝坝段的人工用水量。计算公式为

$$Q_u = \sum_{i=1}^{n} Q_i, \quad Q_1 = Q_2 = \cdots = Q_{n-1} \geqslant 0 \tag{3-19}$$

$$Q_u = Q_n, \quad Q_1 = Q_2 = \cdots = Q_{n-1} = 0$$

式中，Q_u 为明渠涝坝段的人工用水量；n 为明渠涝坝段的段数；Q_i 为第 i 段的用水量。

明渠涝坝段的输水损失量为河道渗漏量、沿途蒸发量和人工用水量之和，计算公式为

$$Q_{con} = Q_1 + Q_{eta} + Q_u \tag{3-20}$$

式中，河道渗漏量与渠道水深、地下水位相关；沿途蒸发量和人工用水量都与渠道流量相关。

3. 漫流区

在非灌溉时期，有一部分的坎儿井水离开明渠涝坝段，沿着地面向下游流去，无论这个地方是荒漠还是戈壁，绿荫还是不毛之地，这些地表会生长出各种各样的植被，慢慢变成小绿洲。流向漫流区的水量为灌溉剩余水量，它补给生态系统的方式就是入渗过程。

漫流区的渗漏量和蒸发量的计算方式与明渠涝坝段的计算方法相同，区别在于漫流区的河道宽度 w 更大、渗漏能力 CSTR 更强。因此漫流区的输水损失量为河道渗漏量、沿途蒸发量之和：

$$Q_{con} = Q_1 + Q_{eta} \tag{3-21}$$

3.4.3　建立矩阵方程

基于中心单元的有限差分模拟软件会根据地下水动力学方程对坎儿井模型中每一个计算单元写出一个基于水量均衡的差分方程并求解。差分方程见式（3-8）。由于水量交换过程存在差异，坎儿井三个部分所建立的差分方程并不相同。通过将 Q_1 加入 HCOF 差分相，Q_{eta} 与 Q_u 加入 RHS 差分相，从而将参数代入差分方程。

3.4.4　水均衡计算并输出结果

当模拟结果收敛之后，就可以通过水量平衡方程对模拟结果进行检验，计算公式为

$$Q_{in} - Q_{out} = Q_1 + Q_{eta} + Q_u \tag{3-22}$$

式中，Q_u 为坎儿井的用水需求量；Q_1 为坎儿井的渗漏排泄量；Q_{eta} 为坎儿井的蒸发量；Q_{in} 为输水通道的首端实际流入量；Q_{out} 为实际流出量。当检验结果达到要求时，输出当前时段的模拟结果，并进行下一个时段的模拟。

3.5　湖　泊　模　拟

3.5.1　湖泊稳定流水量平衡控制方程

图 3-16 为地表静止水体（湖泊）的平面示意。湖泊的平面特征如下：首先湖泊有自身的汇水范围，湖泊作为汇水范围内的低洼地带，蓄滞来自上游多条河道的汇入水量，湖泊的汇水范围包括这些汇入河道的产/汇流面积。其次湖泊的水量排泄一般受人工集中控制，下泄一般通过闸门自然下泄或泵站抽排，因此通常有一个或数量有限的几个主要的下泄通道。最后湖泊的总面积为其潜在的最大积水面积，由湖泊周边地形或堤防高程决定，一般是固定的。通常情况下湖泊面积在极小情况下才能达到最大积水面积，因此可以将湖泊面积分为两个部分，一部分为湖泊当前的积水区面积，一部分为湖泊当前的未积水区面积，湖泊总面积为积水区面积和未积水区面积之和：

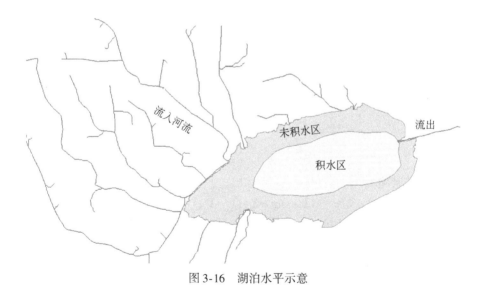

图 3-16　湖泊水平示意

$$A_T = A_P + A_N \tag{3-23}$$

式中，A_T 为湖泊总面积（m²）；A_P 为湖泊积水区面积（m²）；A_N 为湖泊未积水区面积（m²）。

式（3-23）中湖泊总积是固定的，当湖泊积水区面积变化时，未积水区面积将会反向变化，两者存在动态依存关系。SLM 假设任何时刻湖泊的积水区都具有统一的湖泊水位，不考虑因上游河道流量汇入、风浪、下泄等过程引起的湖泊水位在空间上分布的不均，从而湖泊水位、积水区面积（或水面面积）和蓄水量之间存在一一对应关系。

图 3-17 为湖泊的剖面示意。在稳定流情况下，详细分析湖泊积水区的相关水量平衡项，可以总结出 5 项补给项和 4 项排泄项。其中湖泊的补给项为

$$\text{FlowIn} = P + Q_{\text{si}} + \text{Rnf} + G_{\text{P}}^{\text{in}} + G_{\text{N}}^{\text{in}} \tag{3-24}$$

式中，FlowIn 为进入湖泊的总补给流量（m³/s）；P 为时段内湖泊积水区的水面降水通量（m³/s）；Q_{si} 为时段内湖泊上游河道汇入流量（m³/s）；Rnf 为时段内湖泊未积水区的产流汇入流量（m³/s）；G_{P}^{in} 为时段内含水层向湖泊积水区的渗出流量（m³/s）；G_{N}^{in} 为时段内湖泊未积水区地下水渗出流量（m³/t）。

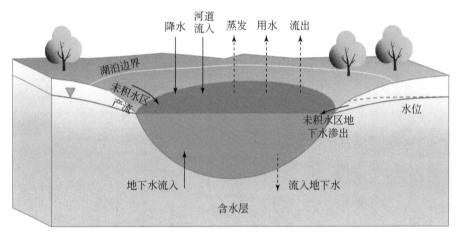

图 3-17　湖泊剖面示意

湖泊的排泄项为

$$\text{FlowOut} = E + G_{\text{P}}^{\text{out}} + W + Q_{\text{so}} \tag{3-25}$$

式中，FlowOut 为离开湖泊的总排泄流量（m³/s）；E 为时段内湖泊积水区的水面蒸发通量（m³/s）；$G_{\text{P}}^{\text{out}}$ 为时段内湖泊积水区的渗漏量（m³/s）；W 为时段内人工从湖泊积水区的取水流量（m³/s），包括生产、生活、生态等用途；Q_{so} 为时段内湖泊的下游排泄量（m³/s），指从湖泊出水口（闸门、泵站）等下泄的水量。

若湖泊积水处于稳定状态，即进入湖泊的总补给流量和离开的总排泄流量相等，则湖泊蓄水量不随时间发生变化。

3.5.2　湖泊的空间离散化处理

进行湖泊的空间离散化处理是湖泊–地下水作用耦合模拟的前提和基础，很大程度上决定了计算方法的选择，SLM 中处理过程如下。

1. 湖泊网格单元的定义

湖底所在的含水层网格单元在 SLM 中标识为湖泊网格单元，湖底高程数据以离散的方式赋予每个湖泊网格单元，每个湖泊网格单元都具有其单元面积范围内的湖底平均高程值。在垂向方向上含水层可能剖分为多层，但只有湖底所在层位的网格单元为湖泊网格单元。如果湖泊网格单元不位于第一层，该湖泊网格单元上方的所有网格单元都将被定义为无效单元。离散过程如图 3-18 所示。

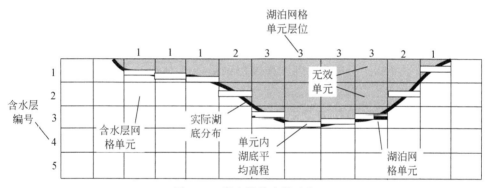

图 3-18　湖底数值离散示意

2. 湖泊网格单元内湖底高程的变化

离散化处理过程中，各湖泊网格单元的湖底平均高程按照从下至上的顺序排序，各湖泊网格单元也被分为下级单元和上级单元。离散化时可能有若干个湖泊网格单元具有相同的湖底平均高程，它们属于同一级单元。以图 3-19 的湖底平均高程分布为示例，共有 7 级单元，其中最下级湖泊网格单元的湖底平均高程为 $L_{b,1}$，最上级湖泊网格单元的湖底平均高程为 $L_{b,7}$。

SLM 假设湖底高程在湖泊网格单元内是倾斜的，具有单元内的最低值和最高值，并通过各湖泊网格单元上的湖底平均高程计算得出。非最上级和最下级湖泊网格单元，其湖底高程最低值为本单元湖底平均高程与下一级单元湖底平均高程的中间位置，最高值为本单元湖底平均高程与上一级单元湖底平均高程的中间位

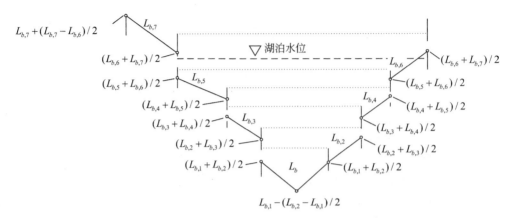

图 3-19　湖泊网格单元内湖底高程变化示意

置。对于最下级湖泊网格单元，其湖底高程最低值为其湖底平均高程减去其与上一级单元湖底平均高程差的一半。对于最上级湖泊网格单元，其湖底高程最高值为其湖底平均高程加上其与下一级单元湖底平均高程差的一半。

图 3-19 演示了不同湖泊网格单元内湖底高程的最高值和最低值的情况。例如，对于最下级单元，其单元内湖底高程的最低值为 $L_{b,1}$－（$L_{b,2}$－$L_{b,1}$）/2，最高值为（$L_{b,1}$＋$L_{b,2}$）/2。对于具有湖底平均高程 $L_{b,2}$ 的湖泊网格单元，其单元内湖底高程的最低值为（$L_{b,1}$＋$L_{b,2}$）/2，最高值为（$L_{b,2}$＋$L_{b,3}$）/2。对于最上级单元，其单元内湖底高程的最低值为（$L_{b,6}$＋$L_{b,7}$）/2，最高值为 $L_{b,7}$＋（$L_{b,7}$－$L_{b,6}$）/2。

3. 湖泊网格单元的积水状态

根据湖泊水位的情况，湖泊网格单元被分为三种积水状态：①完全积水状态，湖泊水位高于其单元内湖底高程最高值时。以图 3-19 的湖泊水位为示例，具有湖底平均高程 $L_{b,1}$、$L_{b,2}$、$L_{b,3}$、$L_{b,4}$、$L_{b,5}$ 的湖泊网格单元为完全积水状态。②完全未积水状态，湖泊水位低于其单元内湖底高程最低值时。以图 3-19 的湖泊水位为示例，具有湖底平均高程 $L_{b,7}$ 的湖泊网格单元为完全未积水状态。③部分积水状态，湖泊水位位于其单元内湖底高程最低值和最高值之间时。以图 3-19 的湖泊水位为示例，具有湖底平均高程 $L_{b,6}$ 的湖泊网格单元为部分积水状态。

4. 湖泊水位–水面面积关系曲线

SLM 中，假设湖泊水位–水面面积关系曲线是线性连续的（图 3-20），不同湖泊水位对应的湖泊水面面积可通过关系曲线上相邻的两个离散点的线性插值来确定。以图 3-19 的湖底平均高程分布为示例，曲线上各离散点的值确定如下：第 1 个离散点的湖泊水位值为 $L_{b,1}-(L_{b,2}-L_{b,1})/2$，定义为湖泊水位的最低值，对应的水面面积为 0；第 2 个离散点的湖泊水位值为 $(L_{b,1}+L_{b,2})/2$，对应的水面面积为具有湖底平均高程 $L_{b,1}$ 的湖泊网格单元面积之和；第 3 个离散点的湖泊水位值 $(L_{b,2}+L_{b,3})/2$，对应的水面面积为具有湖底平均高程 $L_{b,1}$、$L_{b,2}$ 的湖泊网格单元面积之和；第 4 ~ 第 7 个离散点的湖泊水位值与水面面积的关系按以上类推；最后一个离散点（第 8 个）的湖泊水位值为 $L_{b,7}+(L_{b,7}-L_{b,6})/2$，对应的水面面积为所有湖泊网格单元的总面积。当湖泊水位超过离散点中的最高水位时，认为湖泊水面面积保持最大面积不变。这里所说的最大面积为所有湖泊网格单元的总面积。

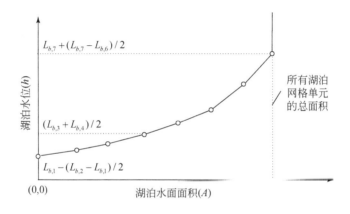

图 3-20　湖泊水位–水面面积关系曲线示意

5. 湖泊水位–蓄水量关系曲线

类同于湖泊水位–水面面积关系曲线，SLM 中湖泊水位–蓄水量关系曲线也是线性连续的（图 3-21），不同湖泊水位对应的湖泊蓄水量可通过关系曲线上相邻的两个离散点的线性插值来确定。各离散点处的湖泊蓄水量的计算过程为：先将离散点处的湖泊水位减去湖泊网格单元的湖底平均高程，得到湖泊网格单元上的水深，再将水深乘以湖泊网格单元的面积从而计算湖泊网格单元上的蓄水量，再对各湖泊网格单元上的蓄水量进行累加，得到湖泊总的蓄水量。与湖泊水位–水面面积关系曲线不同的是，当湖泊水位超过离散点中的最高水位时，湖泊蓄水量的增幅将按照湖泊水面的最大面积乘以湖泊水位的增幅来确定。

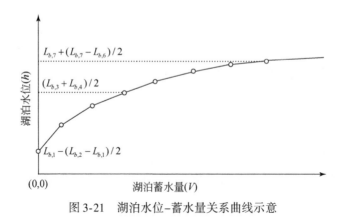

图 3-21　湖泊水位–蓄水量关系曲线示意

3.5.3　与含水层无关的湖泊水量平衡分项的计算

与含水层无关的湖泊水量平衡分项包括六项，即湖泊积水区水面降水通量 P、湖泊上游河道汇入量 Q_{si}、湖泊未积水区产流汇入量 Rnf、湖泊积水区水面蒸发通量 E、湖泊人工取水量 W、湖泊下泄量 Q_{so}。其中 Q_{si}、W 及 Q_{so} 三项为用户输入项，需要直接给定。其他各项采用如下公式计算：

$$P(h_l)=p \cdot A_P(h_l) \tag{3-26}$$

式中，$P(h_l)$ 为当湖泊水位为 h_l 时，湖泊积水区的水面降水通量（m^3/s）；p 为降水强度（m/s）；$A_P(h_l)$ 为对应湖泊水位 h_l 时的水面面积（m^2）。

$$\text{Rnf}(h_l)=p \cdot \gamma \cdot A_N=p \cdot \gamma \cdot [A_T-A_P(h_l)] \tag{3-27}$$

式中，$\text{Rnf}(h_l)$ 为当湖泊水位为 h_l 时，湖泊未积水区上的降水产流量（m^3/s）；γ 为降水产流系数；A_N 为湖泊未积水区的面积（m^2）；A_T 为湖泊网格单元的总面积（m^2）。

$$E(h_l)=e_0 \cdot A_P(h_l) \tag{3-28}$$

式中，$E(h_l)$ 为当湖泊水位为 h_l 时，湖泊积水区的水面蒸发通量（m^3/s）；e_0 为水面蒸发强度（m/s）。

3.5.4　湖泊–地下水作用分项计算

湖泊积水区含水层向湖泊的渗出流量 G_P^{in}、湖泊未积水区含水层的渗出流量 G_N^{in} 以及湖泊积水区的渗漏流量 G_P^{out} 都与含水层的地下水位有直接关系。此外湖泊未积水区上还会作用降水入渗和潜水蒸发，假设为 G_N^R 和 G_N^E。这些与地下水有关的循环量在 SLM 中先逐个湖泊网格单元计算，再统计到湖泊整体上：

$$
\begin{cases}
G_{\mathrm{P}}^{\mathrm{in}}(h_l) = \sum_{m=1}^{M} q_{\mathrm{P},m}^{\mathrm{in}}(h_l) \\[2mm]
G_{\mathrm{P}}^{\mathrm{out}}(h_l) = \sum_{m=1}^{M} q_{\mathrm{P},m}^{\mathrm{out}}(h_l) \\[2mm]
G_{\mathrm{N}}^{\mathrm{in}}(h_l) = \sum_{m=1}^{M} q_{\mathrm{N},m}^{\mathrm{in}}(h_l) \\[2mm]
G_{\mathrm{N}}^{\mathrm{R}}(h_l) = \sum_{m=1}^{M} q_{\mathrm{N},m}^{\mathrm{R}}(h_l) \\[2mm]
G_{\mathrm{N}}^{\mathrm{E}}(h_l) = \sum_{m=1}^{M} q_{\mathrm{N},m}^{\mathrm{E}}(h_l)
\end{cases}
\tag{3-29}
$$

式中，$q_{\mathrm{P},m}^{\mathrm{in}}(h_l)$、$q_{\mathrm{P},m}^{\mathrm{out}}(h_l)$ 分别为对应湖泊平均水位为 h_l 时，第 m 个湖泊网格单元积水面积部分地下水渗出排泄到湖泊的流量和湖泊水体渗漏到地下水的流量（$\mathrm{m^3/s}$）；$q_{\mathrm{N},m}^{\mathrm{in}}(h_l)$、$q_{\mathrm{N},m}^{\mathrm{R}}(h_l)$ 和 $q_{\mathrm{N},m}^{\mathrm{E}}(h_l)$ 为其未积水面积部分地下水渗出排泄到湖泊的流量、降水入渗量和潜水蒸发量（$\mathrm{m^3/s}$）。

需要指出的是，$q_{\mathrm{P},m}^{\mathrm{in}}(h_l)$、$q_{\mathrm{P},m}^{\mathrm{out}}(h_l)$ 和 $q_{\mathrm{N},m}^{\mathrm{in}}(h_l)$ 为湖泊和含水层之间的水量交换量，因此既需要在湖泊水量平衡方程中进行统计，也需要在地下水数值模拟矩阵方程中进行处理。$q_{\mathrm{N},m}^{\mathrm{R}}(\overline{h_l})$ 和 $q_{\mathrm{N},m}^{\mathrm{E}}(\overline{h_l})$ 与湖泊水量平衡无关，因此只需要在地下水数值模拟矩阵方程中进行处理。

假设第 m 个湖泊网格单元处的湖底分布在编号为 (i,j,k) 的含水层网格单元上，其单元内湖底高程的最低值为 L_m^{d}，最高值为 L_m^{u}，湖泊的水位为 h_l，含水层网格单元待求解的地下水位为 $h_{i,j,k}^{\mathrm{New}}$（后同）。上面已经对湖泊网格单元的三种积水状态进行了定义，下面将针对湖泊网格单元不同的积水状态分别给出以上分项具体的计算方法。

1. 处于完全积水状态的湖泊网格单元

对于处于完全积水状态的湖泊网格单元，其首先满足以下条件：

$$
h_l \geqslant L_m^{\mathrm{u}}
\tag{3-30}
$$

即湖泊的水位高于单元内湖底高程的最高值。此类单元处湖泊-地下水间的水量转换关系需根据单元处地下水位分布条件分三种情况计算。

当地下水位高于单元内湖底高程最高值时，单元上湖泊水体渗漏到地下水或地下水渗出排泄到湖泊。此时无论地下水位高于［图 3-22（a）］或低于［图 3-22（b）］湖泊水位，该单元处湖泊水位与地下水位间都具有完全的水力联系，可直接由水位差和达西公式原理计算湖泊与地下水之间的渗漏量。当该单元处的地下水位高于湖泊平均水位时，地下水渗出排泄到湖泊；当该单元处的地下水位低于湖泊平均水位时，该单元处湖泊平均水体渗漏到地下水，即

$$\begin{cases} q_{P,m}^{in}(h_l) = C_m(h_{i,j,k}^{New} - h_l), h_{i,j,k}^{New} > h_l \\ q_{P,m}^{out}(h_l) = C_m(h_l - h_{i,j,k}^{New}), h_l \geq h_{i,j,k}^{New} \geq L_m^u \end{cases} \tag{3-31}$$

式中，C_m 为该湖泊网格单元处湖底与含水层之间的综合水力传导系数（m^2/s）。

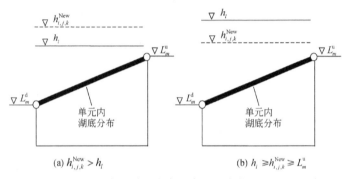

(a) $h_{i,j,k}^{New} > h_l$　　　　　　(b) $h_l \geq h_{i,j,k}^{New} \geq L_m^u$

图 3-22　地下水位高于单元内湖底高程最高值（完全积水单元）

以湖泊水体渗漏到地下水的水量为正，式（3-31）中 $q_{P,m}^{in}(h_l)$ 或 $q_{P,m}^{out}(h_l)$ 在地下水数值模拟矩阵方程中的处理是一致的，都将待求水位 $h_{i,j,k}^{New}$ 前的系数 $-C_m$ 加入到矩阵方程左边系数矩阵主对角线的相应位置上，而将 $-C_m \cdot h_l$ 加入到矩阵方程右边右端项的相应位置上。为控制篇幅，本书后面将只列出湖泊–地下水作用分项的计算公式，不再对其在地下水数值模拟矩阵方程的处理方法进行说明。

当地下水位低于单元内湖底高程最低值时，该种情况的示意如图 3-23 所示。此时在该单元处湖泊为稳定渗漏状态，计算时假设渗漏流量与地下水位无关，而与湖底高程有关，计算公式为

$$q_{P,m}^{out}(h_l) = C_m[h_l - (L_m^d + L_m^u)/2], h_{i,j,k}^{New} \leq L_m^d \tag{3-32}$$

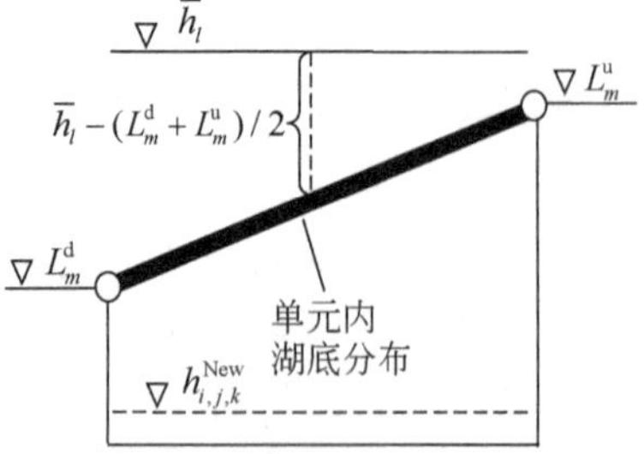

图 3-23　地下水位低于单元内湖底高程最低值（完全积水单元）

当地下水位位于单元内湖底高程最低值和最高值之间时，该种情况的示意如图 3-24 所示。此时该单元处的湖泊−地下水作用关系为湖泊的渗漏，但地下水位之下面积部分的渗漏与地下水位有关，地下水位之上面积部分的渗漏与地下水位无关，单元处湖泊的渗漏流量为两部分之和，即

$$\begin{cases} R_{\mathrm{a}} = (h_{i,j,k}^{\mathrm{New}} - L_m^{\mathrm{d}})/(L_m^{\mathrm{u}} - L_m^{\mathrm{d}}) \\ q_{\mathrm{P},m}^{\mathrm{out},1}(h_l) = C_m[h_l - h_{i,j,k}^{\mathrm{New}}] \cdot R_{\mathrm{a}} \\ q_{\mathrm{P},m}^{\mathrm{out},2}(h_l) = C_m[h_l - (h_{i,j,k}^{\mathrm{New}} + L_m^{\mathrm{u}})/2] \cdot (1 - R_{\mathrm{a}}) \\ q_{\mathrm{P},m}^{\mathrm{out}}(h_l) = q_{\mathrm{P}}^{\mathrm{out},1}(h_l) + q_{\mathrm{P}}^{\mathrm{out},2}(h_l) \end{cases}, \quad L_m^{\mathrm{d}} < h_{i,j,k}^{\mathrm{New}} < L_m^{\mathrm{u}} \qquad (3\text{-}33)$$

式中，R_{a} 为湖泊网格单元处地下水位之下面积部分所占的面积比例。需要说明的是，计算 R_{a} 时涉及单元处待求解的地下水位值 $h_{i,j,k}^{\mathrm{New}}$，在本次数值迭代完成之前本来是未知的，这里可用前一次数值迭代计算出的地下水位值替代（后面类同）；$q_{\mathrm{P},m}^{\mathrm{out},1}(h_l)$ 为地下水位之下面积部分的湖泊渗漏流量（m³/s）；$q_{\mathrm{P},m}^{\mathrm{out},2}(h_l)$ 为地下水位之上面积部分的湖泊渗漏流量（m³/s）。

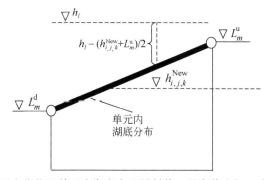

图 3-24　地下水位位于单元内湖底高程最低值、最高值之间（完全积水单元）

可见 SLM 中，通过倾斜式的单元内湖底高程离散和相应的边界处理算法，对于地下水数值模拟而言，完全积水状态的湖泊网格单元处的边界条件随地下水位变化是连续的（其他积水状态的湖泊网格单元处的边界条件也是如此，详见后述）。需要指出的是，地下水数值模拟中保持边界条件的连续性十分重要，这是迭代计算过程能够收敛的必要条件之一。若边界条件不连续，则会因数值振荡导致迭代计算不收敛。

2. 处于完全未积水状态的湖泊网格单元

处于完全未积水状态的湖泊网格单元，首先需满足的条件为

$$h_l \leqslant L_m^{\mathrm{d}} \qquad (3\text{-}34)$$

即湖泊水位低于单元内湖底高程的最低值。与处于完全积水状态的湖泊网格单元类似，根据网格单元处地下水位的相对位置，也需分三种情况考虑。

当地下水位高于单元内湖底高程最高值时，该种情况的示意如图 3-25 所示。此时湖泊网格单元处地下水一是将通过湖底渗出排泄，模型算法假设此时地下水渗出量在时段内完全流入湖泊地表水体。二是因湖底全部湿润，湖底处作用有最大潜水蒸发强度。

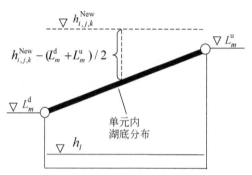

图 3-25　地下水位高于单元内湖底高程最高值（完全未积水单元）

该种情况下地下水渗出排泄流量由单元处的地下水位以及湖底高程计算，而单元处的潜水蒸发量按潜水蒸发深度 0 计算，即

$$
\begin{cases}
q_N^{in}(h_l) = C_m \left[h_{i,j,k}^{New} - (L_m^d + L_m^u)/2 \right] \\
q_N^{E}(h_l) = E_0 \cdot A_{i,j,k}^c
\end{cases}, \quad h_{i,j,k}^{New} \geqslant L_m^u \tag{3-35}
$$

式中，E_0 为单元上作用的最大潜水蒸发强度（m/s）；$A_{i,j,k}^c$ 为该单元的面积（m²）。

当地下水位低于单元内湖底高程最低值时，该种情况的示意如图 3-26 所示。此时湖泊网格单元处地下水接受降水入渗补给和潜水蒸发，计算公式为

$$
\begin{cases}
q_N^{R}(h_l) = p \cdot \kappa \cdot A_{i,j,k}^c \\
q_N^{E}(h_l) = E_P \cdot A_{i,j,k}^c
\end{cases}, \quad h_{i,j,k}^{New} \leqslant L_m^d \tag{3-36}
$$

式中，p 为降水强度（m/s）；κ 为降水入渗补给系数；E_P 为网格单元处作用的潜水蒸发强度（m/s）。

潜水蒸发强度的计算与地下水埋深有关，计算公式为

$$
\begin{cases}
E_P = E_0 \cdot \left(\dfrac{D_M - D}{D_M} \right), & D_M > D > 0 \\
E_P = 0, & D \geqslant D_M
\end{cases} \tag{3-37}
$$

式中，D_M 为潜水蒸发极限埋深（m）；D 为实际水位埋深（m）。

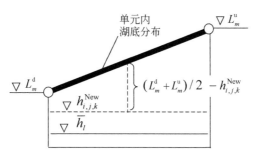

图 3-26　地下水位低于单元内湖底高程最低值（完全未积水单元）

式（3-37）中实际水位埋深计算为

$$D = (L_m^{\mathrm{d}} + L_m^{\mathrm{u}})/2 - h_{i,j,k}^{\mathrm{New}}$$

当地下水位位于单元内湖底高程最低值和最高值之间时，该种情况的示意如图 3-27 所示。此时湖泊网格单元湖底位于地下水位以下部分地下水渗出排泄到湖泊，位于地下水位以上部分作用降水入渗补给和潜水蒸发，计算公式为

$$\begin{cases} R_{\mathrm{a}} = (h_{i,j,k}^{\mathrm{New}} - L_m^{\mathrm{d}})/(L_m^{\mathrm{u}} - L_m^{\mathrm{d}}) \\ q_{\mathrm{N}}^{\mathrm{in}}(h_l) = C_m \left[h_{i,j,k}^{\mathrm{New}} - (h_{i,j,k}^{\mathrm{New}} + L_m^{\mathrm{d}})/2 \right] \cdot R_{\mathrm{a}} \\ q_{\mathrm{N}}^{R}(h_l) = p \cdot \kappa \cdot A_{i,j,k}^{c} \cdot (1 - R_{\mathrm{a}}) \\ q_{\mathrm{N}}^{E}(h_l) = E_P \cdot A_{i,j,k}^{c} \cdot (1 - R_{\mathrm{a}}) \end{cases} \quad , \quad L_m^{\mathrm{d}} < h_{i,j,k}^{\mathrm{New}} < L_m^{\mathrm{u}} \tag{3-38}$$

此时用于计算潜水蒸发 E_{P} 时的地下水埋深取值为

$$D = (h_{i,j,k}^{\mathrm{New}} + L_m^{\mathrm{u}})/2 - h_{i,j,k}^{\mathrm{New}} \tag{3-39}$$

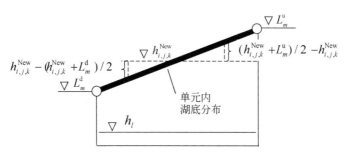

图 3-27　地下水位位于单元内湖底最值、最高值之间（完全未积水单元）

3. 处于部分积水状态的湖泊网格单元

部分积水状态的湖泊网格单元首先需满足的条件为

$$L_m^{\mathrm{d}} < h_l < L_m^{\mathrm{u}} \tag{3-40}$$

即湖泊水位处于单元内湖底高程的最低值和最高值之间。对于部分积水状态

的湖泊网格单元而言，其一部分面积积水，一部分面积未积水，虽然情况更加复杂，但只需要先根据湖泊水位 h_l 区分出积水面积部分和未积水面积部分的比例，接下来积水面积部分的处理类同于 3.5.4.1 节，未积水面积部分的处理类同于 3.5.4.2 节。

3.5.5 湖泊稳定流水量平衡控制方程求解计算

湖泊积水处于稳定状态时的湖泊水位值采用牛顿迭代法进行求解。牛顿迭代法的原理如下，对于待求解的方程：

$$f(x) = 0 \tag{3-41}$$

采用如下迭代关系式进行近似求解：

$$x_n = x_{n-1} - \frac{f(x_{n-1})}{f'(x_{n-1})} \tag{3-42}$$

式中，x_n 为第 n 次迭代时计算出的方程近似根；x_{n-1} 为第 $n-1$ 次迭代时计算出的方程近似根；$f(x_{n-1})$ 为 x_{n-1} 时的函数值；$f'(x_{n-1})$ 为 x_{n-1} 时的函数导数。

根据牛顿迭代法原理，针对湖泊积水稳定状态模拟，令函数 $F(h_l) = \text{FlowIn} - \text{FlowOut}$，求解方程 $F(h_l^*) = 0$ 时对应的湖泊水位 h_l^*，此即为湖泊积水处于稳定状态时的湖泊水位值。

$F(h_l)$ 的函数形式为

$$F(h_l) = \left\{ P(h_l) + \text{Rnf}(h_l) + G_{\text{P}}^{\text{in}}(h_l) + G_{\text{N}}^{\text{in}}(h_l) + Q_{\text{si}} \right\} \\ - \left[E(h_l) + G_{\text{P}}^{\text{out}}(h_l) + Q_{\text{so}} + W \right] \tag{3-43}$$

整理公式得

$$F(h_l) = \left\{ p \cdot A_{\text{P}}(h_l) + p \cdot \gamma \cdot \left[A_{\text{T}} - A_{\text{P}}(h_l) \right] - e_0 \cdot A_{\text{P}}(h_l) \right\} \\ + (Q_{\text{si}} - Q_{\text{so}} - W) + \left[G_{\text{P}}^{\text{in}}(h_l) + G_{\text{N}}^{\text{in}}(h_l) - G_{\text{P}}^{\text{out}}(h_l) \right] \tag{3-44}$$

对式（3-44）求导得

$$F'(h_l) = \left[(1 - \gamma)p - e_0 \right] \cdot A_{\text{P}}'(h_l) + G_{\text{P}}^{\text{in}}{}'(h_l) - G_{\text{P}}^{\text{out}}{}'(h_l) + G_{\text{N}}^{\text{in}}{}'(h_l) \tag{3-45}$$

对于 $A_{\text{P}}'(h_l)$ 计算公式如下：

$$A_{\text{P}}'(h_l) = C(h_l) \tag{3-46}$$

式中，$C(h_l)$ 为湖泊积水位-湖泊积水面积线性相关曲线（图 3-20）上对应 h_l 时的折线斜率。

对于 $G_{\text{P}}^{\text{in}}{}'(h_l)$，求导得

$$G_{\text{P}}^{\text{in}}{}'(h_l) = - \sum_{a=1}^{A} C_a - \sum_{b=1}^{B} C_b \frac{2h_l - h_{i,j,k}^{\text{New}} - L_b^{\text{d}}}{L_b^{\text{u}} - L_b^{\text{d}}} \tag{3-47}$$

式中，A 为完全积水状态的湖泊网格单元中，单元处地下水位高于湖泊水位的湖

泊网格单元的总数量；C_a 为上述 A 个湖泊网格单元中第 a 个处湖底与含水层之间的综合水力传导系数（m^2/s）；B 为部分积水状态的湖泊网格单元中，单元处地下水位高于湖泊水位的湖泊网格单元的总数量；C_b 为上述 B 个湖泊网格单元中第 b 个处湖底与含水层之间的综合水力传导系数（m^2/s）；L_b^u 和 L_b^d 分别为第 b 个湖泊网格单元的单元内湖底最高和最低高程（m）。

对于 $G_P^{out}{}'(h_l)$，求导得

$$G_P^{out}{}'(h_l) = \sum_{d=1}^{D} C_d + \sum_{e=1}^{E} C_e \frac{h_l - L_e^d}{L_e^u - L_e^d} \tag{3-48}$$

式中，D 为完全积水状态的湖泊网格单元中，单元处地下水位低于湖泊水位的湖泊网格单元的总数量；C_d 为上述 D 个湖泊网格单元中第 d 个处湖底与含水层之间的综合水力传导系数（m^2/s）；E 为部分积水状态的湖泊网格单元中，单元处地下水位低于湖泊水位的湖泊网格单元的总数量；C_e 为上述 E 个湖泊网格单元中第 e 个处湖底与含水层之间的综合水力传导系数（m^2/s）；L_e^u 和 L_e^d 分别为第 e 个湖泊网格单元的单元内湖底最高和最低高程（m）。

对于 $G_N^{in}{}'(h_l)$，求导得

$$G_N^{in}{}'(h_l) = \sum_{b=1}^{B} C_b \frac{h_l - h_{i,j,k}^{New}}{L_b^u - L_b^d} \tag{3-49}$$

综合公式得

$$F'(h_l) = \left[(1-\gamma)p - e_0 \right] \cdot C(h_l) - \sum_{a=1}^{A} C_a - \sum_{b=1}^{B}$$
$$C_b \frac{h_l - L_b^d}{L_b^u - L_b^d} - \sum_{d=1}^{D} C_d - \sum_{e=1}^{E} C_e \frac{h_l - L_e^d}{L_e^u - L_e^d} \tag{3-50}$$

式（3-50）可进一步化简为

$$F'(h_l) = \left[(1-\gamma)p - e_0 \right] \cdot C(h_l) - \sum_{s=1}^{S} C_s - \sum_{f=1}^{F} C_f \frac{h_l - L_f^d}{L_f^u - L_f^d} \tag{3-51}$$

式中，S 为完全积水状态的湖泊网格单元的总数量；C_s 为第 s 个完全积水状态的湖泊网格单元处湖底与含水层之间的综合水力传导系数（m^2/s）；F 为部分积水状态的湖泊网格单元的总数量；C_f 为第 f 个部分积水状态的湖泊网格单元处湖底与含水层之间的综合水力传导系数（m^2/s）；L_e^u 和 L_e^d 分别为第 f 个部分积水状态的湖泊网格单元的单元内湖底最高和最低高程（m）。

综合公式，得稳定流时求解湖泊水位的牛顿迭代法计算公式：

$$h_l^n = h_l^{n-1} - \frac{F(h_l^{n-1})}{F'(h_l^{n-1})}$$

式中，h_l^n 为第 n 次迭代时计算出的湖泊水位（m）；h_l^{n-1} 为第 $n-1$ 次迭代时计算

出的湖泊水位（m）。

3.6　本章小结

艾丁湖流域地下水补给主要来自盆地周边高山融雪形成的河流渗漏。根据盆地内部地下水、人工绿洲、生态植被、尾间湖泊之间水分转化利用关系复杂、交互作用强烈的特点，自主开发了适用于干旱区盆地地表–地下水分布式模拟COMUS模型，实现的特色功能包括基于实现了新疆艾丁湖流域"出山河流入渗—渠系引水渗漏—绿洲灌溉回归—泉水出流—泉集河汇流—坎儿井开采—机井开采—湖泊耗水—生态植被耗水"等全链条地下水文过程模拟。该模型在艾丁湖流域应用，主要实现了四个特殊功能：地下水–季节性河流耦合模拟（季节性河流模块）、地下水–湖泊相互作用模拟（湖泊模块）、灌区引水渠系输水和引水过程智能模拟和模拟坎儿井。

第4章　艾丁湖流域季节性河流与地下水耦合模拟

4.1　艾丁湖流域地表水–地下水模型构建

艾丁湖流域地下水的主要补给来源包括河谷潜流和河流入渗补给（图4-1）。因此，研究地下水合理开发及地下水的生态阈值，必须能够可靠模拟地下水补给条件变化下的地下水流场变化。吐鲁番盆地北部的博格达山、西部的天格尔峰、南部的库木塔格山等山区中的主要河流出山口顺沉积方向，含水层岩性为冲洪积形成的卵石、砾石及中粗砂，地貌上呈扇状结构，各河流形成的冲洪积扇构成了山前冲洪积扇群。冲洪积扇透水性强，侧向潜流补给条件极佳，是接受山区河谷潜流补给的主要地段。在没有修建山区拦河水库的黑沟河谷、大河沿河谷、阿拉沟河谷、乌斯通沟河谷、苏贝希沟5条沟中，勘探结果证明，河谷中地下水非常丰富，构成了平原区地下水强大的补给来源之一，基本代表了天然条件下山区河谷潜流的真实情况。

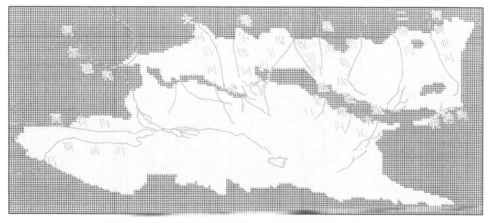

图4-1　艾丁湖流域主要河流在网格单元系统中的分布

20世纪50年代，山区主要河流还没有修建水库，只有个别河流建有引水渠。对于没有修建水库和引水渠的山区河流，河水进入盆地平原区河道，通过河道渗漏补给地下水。对于修建有引水工程的河流，除部分引水外，还有一部分（包括非灌溉期的河流量）泄于平原区河道渗漏补给地下水。

艾丁湖流域以往地下水模拟研究中关于降雨入渗、河道渗漏、渠系渗漏等地下水补给数据主要依靠调查评价得来，并通过地下水数值模型的面上补给或线状补给直接输入模型。线状补给主要是山前暴雨洪流入渗、干支渠渗漏和河道入渗。将网格单元上河道的长度、干支渠的长度作为权重对调查评价得到的河道渗漏量和干支渠渗漏量进行模型单元分配。

可见，艾丁湖流域季节性河流对地下水的补给直接影响到地下水位变化，进而对生态造成影响。然而，传统的季节性河流对地下水的补给作用处理较为简单，也不能科学刻画河道内沿程流量变化和渗漏量变化。针对艾丁湖流域内河流主要为季节性河流、地下水补给也主要接受季节性河流渗流补给的情况，为更加可靠地模拟季节性河流和地下水的相互作用，研究开发了湖泊-季节性河流-地下水相互作用模拟软件。该软件与国际上常用的 MODFLOW 软件相比，对河流各河段信息的输入更加直接简便，不需要人工进行河段编码的拓扑和衔接检查工作。该软件并且能够模拟季节性河流对湖泊的补给作用，以及湖泊和地下水间的相互作用。目前正在使用该软件系统进行艾丁湖流域地下水-地表水耦合模型的构建工作，将用于系统模拟艾丁湖流域季节性河流、艾丁湖和地下水三者的相互作用。

4.2 模型范围

本次研究模拟范围为吐鲁番盆地北盆地和南盆地，如图 4-2 所示。北盆地与

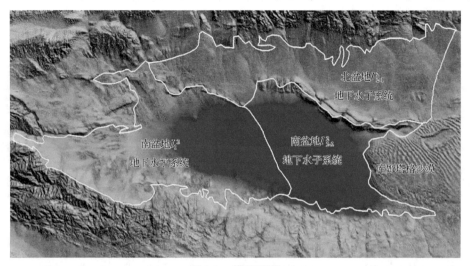

图 4-2 模型范围

南盆地通过火焰山—盐山隆起相隔，北盆地主要有 I_{2-1}^2 地下水子系统和 I_{3-1}^2 地下水子系统，分属大河沿—柯柯亚河流域和坎尔其河流域。但两个地下水子系统之间主要以隔水边界和地下水分水岭边界相隔，因此其实北盆地两个地下水子系统之间水力联系较弱，出于缩小研究范围而不影响模拟精度的目的，可以将 I_{3-1}^2 地下水子系统排除在地下水研究区域之外。

南盆地平原地下水系统具有 I_1^2、I_{2-2}^2 两个地下水子系统，分属大河沿—柯柯亚河流域和阿拉沟—白杨河流域，两个地下水子系统具有直接地下水量相通条件，只是分属不同的地表水流域，仅以地表水分水岭区分。所以这两个地下水子系统需考虑在模拟区域范围内（图 3-4）。南盆地的 I_{2-2}^2 子系统向东与库姆塔格沙漠地下水系统（I_5）以隔水边界相隔，所以库姆塔格沙漠地下水系统（I_5）可以排除在模拟范围之外。

4.3 数 学 模 型

本次地下水数值模拟模型采用单元中心有限差分法模拟地下水在含水层中的运动，有限差分方程组采用强隐式法进行求解。利用两个模型层模拟地下水准三维流动。模型还可以模拟各种外应力，如井流、面状补给、泉水、蒸发蒸腾、沟渠和河流等地下水流的影响。

4.3.1 潜水

对于研究区内的潜水，如果考虑与下伏承压水的越流交互，其运动方程可以描述如下：

$$\frac{\partial}{\partial x}\left[K_x\left(H_s-H_b\right)\frac{\partial H_s}{\partial x}\right]+\frac{\partial}{\partial y}\left[K_y\left(H_s-H_b\right)\frac{\partial H_s}{\partial y}\right]+\sigma\left(H_c-H_s\right)+P=\mu\frac{\partial H_s}{\partial t} \qquad (4-1)$$

式中，H_s、H_c、H_b 分别为潜水位、承压水位、潜水含水层底板高程；K_x、K_y 为潜水含水层渗透系数；σ 为越流系数；μ 为潜水含水层给水度；P 为源汇项，包括与潜水位有关的源汇项（季节性河流、潜水蒸发等）和与潜水位无关的源汇项（井开采、面状补给等）。

4.3.2 承压水

对于研究区内的承压水，如果以单层问题考虑，并考虑与上覆潜水含水层的越流补给作用，其运动可以用以下偏微分方程描述：

$$\frac{\partial}{\partial x}\left[T_x\frac{\partial H_c}{\partial x}\right]+\frac{\partial}{\partial y}\left[T_y\frac{\partial H_c}{\partial y}\right]+\sigma(H_c-H_s)+W=S\frac{\partial H_c}{\partial t} \tag{4-2}$$

式中，T_x、T_y 为承压水导水系数；S 为承压水含水层储水系数；W 为源汇项（井开采等）。

4.3.3 模型数值求解

以上偏微分方程的解析解非常困难，为适应复杂求解条件，一般采用数值解法进行求解。在二元模型中，地下水含水层系统划分为一个三维的网格系统，整个含水层系统被剖分为潜水含水层和承压含水层，每一层又剖分为若干行和若干列。对于特定计算单元，其位置可以用该计算单元所在的行号（i）、列号（j）和层号（k）来表示。

图 4-3 表示计算单元（i, j, k）和其相邻的六个计算单元，这六个相邻的计算单元的下标分别由（$i-1$, j, k）、（$i+1$, j, k）、（i, $j-1$, k）、（i, $j+1$, k）、（i, j, $k-1$）和（i, j, $k+1$）来表示。

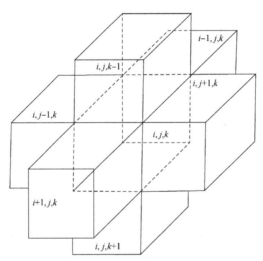

图 4-3 计算单元（i, j, k）和其六个相邻的计算单元

以流入计算单元的水量为正，流出为负，由达西公式可以得到在行方向上由计算单元（i, $j-1$, k）流入单元（i, j, k）的流量为

$$q_{i,j-1/2,k}=\mathrm{KR}_{i,j-1/2,k}\Delta c_i\Delta v_k\frac{(h_{i,j-1,k}-h_{i,j,k})}{\Delta r_{j-1/2}} \tag{4-3}$$

式中，$h_{i,j,k}$ 为水头在计算单元（i, j, k）处的值；$h_{i,j-1,k}$ 为水头在计算单元（i,

$j-1$, k)处的值；$q_{i,j-1/2,k}$ 为通过计算单元（i, j, k）和计算单元（i, $j-1$, k）之间界面的流量（m^3/s）；$KR_{i,j-1/2,k}$ 为计算单元（i, j, k）和（i, $j-1$, k）之间的渗透系数（m/s）；$\Delta c_i \Delta v_k$ 为横断面面积（m^2）；$\Delta r_{j-1/2}$ 为计算单元（i, j, k）和计算单元（i, $j-1$, k）之间的距离（m）。

类似可推出通过其他五个界面的地下水流量。综合计算单元六个相邻的计算单元以及该单元所包含的源汇项，地下水方程的离散形式可以表达为

$$q_{i,j-1/2,k}+q_{i,j+1/2,k}+q_{i-1/2,j,k}+q_{i+1/2,j,k}+q_{i,j,k-1/2}$$
$$+q_{i,j,k+1/2}+QS_{i,j,k}=SS_{i,j,k}\frac{h_{i,j,k}}{\Delta t}\Delta r_i\Delta c_j\Delta v_k \qquad (4\text{-}4)$$

式中，$SS_{i,j,k}$ 为该计算单元的储水率（m^{-1}）；$\Delta r_i \Delta c_j \Delta v_k$ 为该计算单元的体积（m^3）；$QS_{i,j,k}$ 为作用在该计算单元上的源汇项，一般与该计算单元的水头相关（一类或三类边界），或者为已知量（二类边界）。计算单元的源汇项一般形式可表达为

$$QS_{i,j,k}=P_{i,j,k}h_{i,j,k}+Q_{i,j,k} \qquad (4\text{-}5)$$

对研究区域所涉及的 n 个计算单元逐个写出以上差分方程，通过整理合并可得有关 n 个未知数的非线性方程组，并可用矩阵的形式表示为

$$[A]\{h\}=\{q\} \qquad (4\text{-}6)$$

式中，$[A]$ 为与水头相关的非线性系数矩阵；$\{h\}$ 为所求的未知水头项；$\{q\}$ 为右端项，一般表示方程组中的常数项和已知项。该矩阵方程为主对角线占优的 7 对角形式，在二元模型中用强隐式法进行迭代求解。

4.4　模拟网格与地层剖分

研究区横向距离 216km，纵向距离 92km，模型网格大小为 1km×1km，网格单层共剖分单元 19 872 个，其中有效模拟单元 9716 个。模型共剖分单元 39 744 个，其中有效网格 19 432 个（图 4-4）。

含水层分层参考目前吐鲁番地勘资料的含水层层序研究成果。根据第四系层序划分，北盆地大部分为单一潜水含水层，在模拟范围内仅火焰山以北的高昌区胜金乡一带存在潜水-承压水多层结构区，面积较小，含有 3～5 个承压含水层；南盆地多层结构的潜水-承压水区形成一个完整、封闭、南北 4.6～27.5km、东西长约 94km、面积约 1157km² 的范围，含有多达 11～19 层承压含水层。但考虑到吐鲁番盆地第四系沉积性质和地层结构，多数承压含水层之间隔水层并不稳定。从层序概念来划分，南盆地的含水层可以归并为三个主要含水层。

第一层为浅层地下水含水层，其底板位于地面埋深以下 100～150m，含潜水

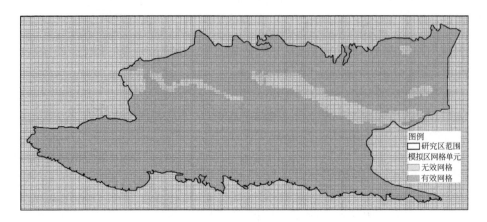

图4-4　地下水数值模拟单元平面剖分

和微承压含水层的循环在内；第二层和第三层均为深层含水层，具有明显承压性质，其中第二层深层承压水的底板位于地面埋深以下200~250m，第三层深层承压水的底板一直延伸到盆地第三系基底。当前模型关于含水层的分层模拟划分按当前层序研究的成果，统一分为三个含水层进行模拟（图4-5）。

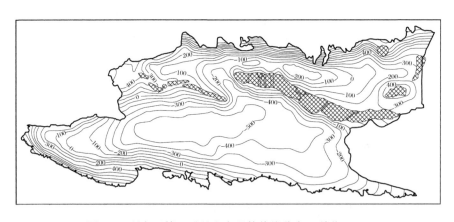

图4-5　研究区第四系基底高程等值线分布（单位：m）

4.5　地下水模拟参数分区

模型参数分区参考盆地沉积规律及59个抽水试验点的成果进行分区。浅层地下水参数分区和深层地下水参数分区根据研究区水文地质图和含水层富水性分区（图4-6和图4-7）。主要涉及的模拟参数包括导水系数、给水度或储水系数、越流系数等（表4-1）。

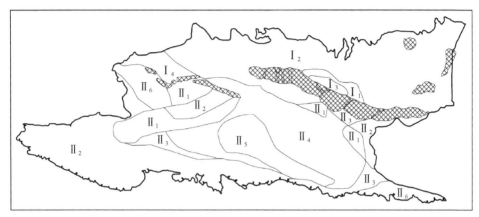

图4-6 研究区浅层水参数分区

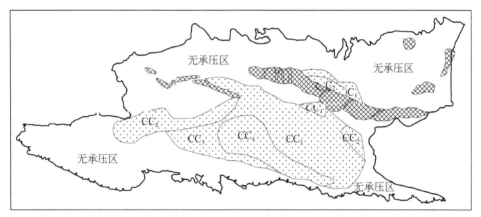

图4-7 研究区深层水参数分区

表4-1 分区地下水模拟参数

地理分区	类型	参数分区	导水系数（m²/d）	给水度或储水系数	越流系数（1/d）
北盆地	浅层水	I₁	1200～2000	0.12～0.15	—
		I₂	500～1000	0.08～0.10	—
		I₃	300～500	0.06～0.08	
		I₄	100～200	0.05～0.07	—
	深层水	C₁	500～800	0.0010～0.0030	$5.5 \times 10^{-6} \sim 7.5 \times 10^{-6}$
		C₂	100～200	0.0015～0.0040	$5.5 \times 10^{-6} \sim 7.5 \times 10^{-6}$

续表

地理分区	类型	参数分区	导水系数（m²/d）	给水度或储水系数	越流系数（1/d）
南盆地	浅层水	II₁	1000 ~ 1500	0.10 ~ 0.13	—
		II₂	500 ~ 1000	0.08 ~ 0.10	—
		II₃	300 ~ 500	0.06 ~ 0.08	—
		II₄	60 ~ 100	0.05 ~ 0.07	—
		II₅	20 ~ 40	0.04 ~ 0.05	—
		II₆	10 ~ 20	0.03 ~ 0.05	—
	深层水	CC₁	500 ~ 800	0.0006 ~ 0.0020	$5.5 \times 10^{-6} \sim 7.5 \times 10^{-6}$
		CC₂	400 ~ 600	0.0008 ~ 0.0030	$5.5 \times 10^{-6} \sim 7.5 \times 10^{-6}$
		CC₃	100 ~ 200	0.0015 ~ 0.0040	$5.5 \times 10^{-6} \sim 7.5 \times 10^{-6}$
		CC₄	20 ~ 40	0.0020 ~ 0.0060	$5.5 \times 10^{-6} \sim 7.5 \times 10^{-6}$

4.6 主要源汇项处理

艾丁湖流域地下水的补给来源和排泄途径较为复杂，这些补给来源和排泄途径构成地下水模拟的源汇项，需要在模型中逐一进行分布式处理。本次研究中将主要源汇项处理为点状和面状两种类型。

4.6.1 地下水补给

河道渗漏、渠灌田间渗漏补给、坎儿井井灌回归补给作为面状补给在季节性河流–地下水程序包中自动计算，通过模型参数识别进行调整。其空间分布依据本次研究过程中收集的 1∶5 万土地利用图件中的耕地分布（图 4-8）及所属灌区进行确定。利用 GIS 工具将模型网格单元和耕地土地利用进行空间叠加，可获得每个网格单元上耕地所占面积，这样以耕地面积作为权重从而可将以乡镇为单位评价或统计的渠灌田间渗漏补给、井灌回归补给等数据进行空间展布，得到面上源汇项的强度分布。

暴雨洪流、河谷潜流、机井回归补给处理成点状补给，分配到相应模型单元上，其补给强度根据前人评价成果给定。

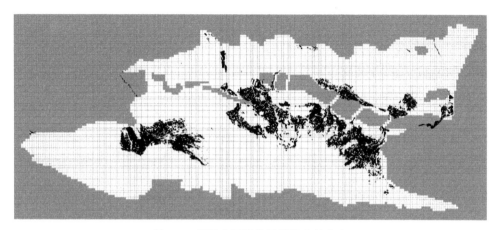

图 4-8　耕地在网格单元系统中的分布

4.6.2　泉集河和坎儿井开采

泉水和坎儿井为盆地重要的地下水排泄项之一。泉水主要在北盆地出露，都为下降泉，其排泄量与潜水位密切相关。坎儿井的开采原理是通过将采水点（取水口）挖掘到潜水面以下，通过潜水的重力排泄进行开采，因此其排泄原理与盆地内的泉水是一致的。对于泉水和坎儿井的模拟，在模型中都作为季节性河流进行模拟。

4.6.3　机井及自流井开采

机井开采、自流井开采作为点状排泄使用模型井程序包输入，其排泄量根据前人评价结果给定。

4.6.4　潜水蒸发

潜水蒸发在模型中是自适应的面状边界条件，模型运行时根据地下水埋深状况自动进行调整计算，因此需要单独处理。

艾丁湖流域的土地利用有很强的地带性，不同土地类型的潜水蒸发特性有很大的不同（图 4-9 和表 4-2），如根据现有文献资料，无植被裸地的潜水蒸发极限埋深在吐鲁番市通常不超过 5m，且在地下水埋深 1～5m 迅速衰减。而在有植被的土地上，一般都分布有耐旱耐盐植物，如骆驼刺、梭梭等，这些植物根系发达，通常能够在地下水埋深十几米时也能通过根系从浅层地下水汲取水分。此外，艾丁湖周边地区为地下水高矿化度区，还分布有大面积的盐碱地，土壤盐分地表经过长年累月的积累和固结，形成厚度达 5~20cm 厚的盐壳，质地如岩石一般致密坚硬，这些盐壳覆盖在地表，对潜水蒸发也有很大的抑制作用。因此，对于研究区的潜水蒸发需要分类进行处理。

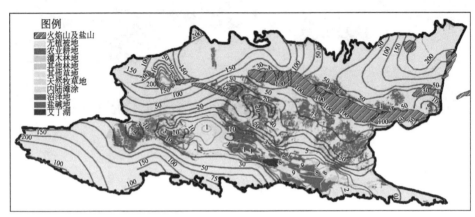

图 4-9　研究区土地利用分布与潜水埋深（单位：m）

表 4-2　研究区土地利用分类说明　　　　　　　　（单位：km²）

土地利用类型	面积	备注
无植被地	7351	主要为裸地、沙地、居民点、工矿用地等，地表无植被
农业耕地	1077	种植农作物的水浇地、园地等
灌木林地	138	指灌木覆盖度≥40% 的林地
其他林地	98	包括疏林地（指树木郁闭度大于等于 0.1 且小于 0.2 的林地）、未成林地、迹地、苗圃等林地
其他草地	903	指树木郁闭度<0.1，表层为土质，生长草本植物为主，不用于畜牧业的草地
天然牧草地	153	指以天然草本植物为主，用于放牧或割草的草地
内陆滩涂	100	指河流、湖泊常水位至洪水位间的滩地
沼泽地	4	指经常积水或渍水，一般生长沼生、湿生植物的土地
盐碱地	448	指表层盐碱聚集，生长天然耐盐植物的土地

骆驼刺为荒漠区一种常见的多年生天然矮灌木，研究区主要天然植被为骆驼刺，目前尚未收集到专门针对艾丁湖流域骆驼刺潜水蒸发的有关研究文献。但朱永华和仵彦卿（2003）曾在黑河额济纳旗荒漠区进行过骆驼刺的耗水实

验。试验地年均降水量为 38.24mm，年均水面蒸发量为 2500～3600mm，与艾丁湖流域气候类型相近，因此可以提供一定参考。试验地地下水位为 2～3m，骆驼刺的生长期为 5～10 月，分布密度为 1～28 株/m²，冠幅为 55.2cm×49.2cm，平均株高为 59.2cm。根据观测结果，骆驼刺 5～10 月耗水总量在131.56～606.98mm（表4-3）。

表4-3　骆驼刺月耗水量实测结果

指标	5 月	6 月	7 月	8 月	9 月	10 月	合计
潜在蒸发量（mm）	86.72	116.7	132.63	129.21	90.34	51.38	606.98
实际蒸散量（mm）	9.22	29.55	37.22	34.27	18.16	3.14	131.56
实际蒸散/潜在蒸散	0.11	0.25	0.28	0.27	0.20	0.06	0.22

任建民等（2007）对塔里木河和黑河干旱区植被覆盖度进行了研究，认为骆驼刺适宜生长的地下水埋深范围为 8m 以内。一般地下水埋深 2～5m 骆驼刺出现频率较高，超过 8m 地下水埋深，骆驼刺出现频率将很小（表4-4）。

表4-4　干旱区典型植物在不同地下水埋深范围内的出现频率

种群	出现频率										
	<1m	1～2m	2～3m	3～4m	4～5m	5～6m	6～7m	7～8m	8～9m	9～10m	>10m
胡杨	4.72	13.78	20.96	20.62	12.41	5.90	7.26	7.11	4.77	0.37	
柽柳	4.34	19.96	26.11	2.12	13.59	3.92	0.92	5.17	0.00	2.31	1.56
芦苇	14.29	36.93	29.45	16.85	6.02	1.81	0.77				
罗布麻	4.01	12.20	41.15	13.95	20.58	4.97	1.96	1.93			
甘草	2.70	18.90	40.50	24.30	10.80	0.00	2.70				
骆驼刺	5.56	11.10	22.80	22.20	19.40	8.33	2.78	2.78			

资料来源：任建民等（2007）。

李小明和张希民（2003）对塔克拉玛干沙漠南缘自然植被的水分状况及其恢复状况进行了研究，发现在地下水位 16～17m 的情况下虽然当地的骆驼刺仍有生长，但研究认为现在的地貌状况和不同植被类型分布区的地下水位并不反映其相应植被发生时的地下水位分布状况（表4-5）。这些骆驼刺原先是依靠河流的地表水的泛滥而发生的，依靠河流对地下水的补给生存。在地下水位下降后，根系生长深度也随之适应性加深，因此现存的骆驼刺仍能存活，但已无法自然更新。

表4-5 策勒绿洲边缘主要优势植物立地水分状况

指标	胡杨	灰胡杨	柽柳	骆驼刺	沙拐枣
生长状况	良好	良好	良好	良好	良好
地下水埋深	3.5~4m	16~17m	3.5~5.5m	16~17m	16~18m
水分补给	地下水+地表水	地下水+地表水	地下水+地表水	地下水	地表水
与地下水关系	根系连接地下水	根系可能连接地下水	根系连接地下水	根系连接地下水	可能性不大
是否有实生苗	无	无	无	无	有，但不能存活
自然更新状况	不能自然更新	不能自然更新	不能自然更新	不能自然更新	不能自然更新

资料来源：李小明和张希明（2003）。

吐鲁番市 E601 型水面蒸发器多年平均蒸发量为 1531.9mm（表4-6），根据吐鲁番均衡试验场的试验结果，确定水面蒸发折算系数为 0.765，换算的多年平均水面蒸发量为 1172mm（表4-7）。

表4-6 吐鲁番站多年平均蒸发量月份统计——E601 型蒸发器

（单位：mm）

指标	1月	2月	3月	4月	5月	6月	7月	8月	9月	10月	11月	12月	合计
月蒸发量	11.6	31.8	91.6	146.1	223.3	252.4	262.3	224.2	156.1	90	31	11.5	1531.9
日均蒸发量	0.37	1.14	2.95	4.87	7.20	8.41	8.46	7.23	5.20	2.90	1.03	0.37	—

表4-7 不同土地利用潜水蒸发参数

植被类型	5~10月			1~4月，11~12月		
	潜水蒸发系数	极限蒸发埋深（m）	潜水蒸发指数	潜水蒸发系数	极限蒸发埋深（m）	潜水蒸发指数
无植被地	1.00	5	2	1.00	5	2
农业耕地	1.20	5	2	1.00	5	2
灌木林地	1.05	8	2	1.00	5	2
其他林地	1.05	8	2	1.00	5	2
其他草地	1.05	18.00	2	1.00	5	2
天然牧草地	1.05	18.00	2	1.00	5	2
内陆滩涂	0.07	5	2	0.07	5	2
沼泽地	1.00	5	2	1.00	5	2
盐碱地	0.07	5	2	0.07	5	2

　　与泉水和坎儿井一致,潜水蒸发作为与地下水埋深直接相关的排泄项,无需输入具体蒸发量,而是需要输入与潜水蒸发相关的计算参数,包括极限蒸发埋深、水面蒸发强度等。本次通过试算法,经由地下水平衡条件逐步进行调试,从而对相关参数进行确定。

4.7　本章小结

　　本次研究模拟范围为吐鲁番盆地北盆地和南盆地。北盆地与南盆地通过火焰山—盐山隆起相隔,北盆地有 $I_{2\text{-}1}^2$ 地下水子系统,南盆地平原地下水系统具有 I_1^2 和 $I_{2\text{-}2}^2$ 两个地下水子系统,分属大河沿—柯柯亚河流域和阿拉沟—白杨河流域,两个地下水子系统具有直接地下水量相通条件,只是分属不同的地表水流域,仅以地表水分水岭区分。研究区横向距离 216km,纵向距离 92km,模型网格大小为 1km×1km,网格单层共剖分单元 19 872 个,其中有效模拟单元 9716 个。模型共剖分单元 39 744 个,其中有效网格 19 432 个。吐鲁番盆地地下水的补给来源和排泄途径较为复杂,这些补给来源和排泄途径构成地下水模拟的源汇项,本次研究中将主要源汇项处理为点状和面状两种类型。河道渗漏、渠灌田间渗漏补给、坎儿井井灌回归补给作为面状补给在季节性河流–地下水程序包中自动计算;泉水和坎儿井为盆地重要的地下水排泄项之一;机井开采、自流井开采作为点状排泄使用模型井程序包输入;潜水蒸发在模型中是自适应的面状边界条件,模型运行时根据地下水埋深状况自动进行调整计算。

第 5 章 现状地下水资源开发利用格局及生态效应

地下水位时空动态变化是影响干旱区生态系统的主要因素，艾丁湖流域目前地下水长观井主要位于人工绿洲区，不能准确反映生态脆弱区的地下水位变化以及对生态系统的影响。艾丁湖流域于 2011 年和 2017 年进行了两期较为系统的地下水统测工作，因此本研究选取 2011~2017 年进行现状地下水开发利用对生态系统的影响分析。以 2011 年为起始年，模拟 2011~2017 年的地下水动态变化。

5.1 现状地下水补给、排泄状况

进行地下水数值模拟之前需对研究区近期地下水补给和排泄状况进行大致匡算，以掌握现状地下水系统宏观水循环转化量情况。参考艾丁湖流域已有的相关地下水评价报告，包括《中华人民共和国新疆吐鲁番盆地地下水资源可持续利用研究项目（最终报告书数据集）》（国际航业株式会社，2006）、《吐鲁番盆地地下水勘察报告》（矿产勘查开发局第一水文工程地质大队，2013）、《吐鲁番市水资源评价报告》（中国水利水电科学研究院，2013）及期刊文献等，以 2015 年的水文气象资料和供用水资料作为现状水平年的评价基础，对现状条件下研究区的地下水补给和排泄量进行整理。

5.1.1 地下水补给量

1. 暴雨洪流入渗

吐鲁番平原区内常年干旱少雨，通过分析高昌区、鄯善县、托克逊县等地气象站平原区资料，多年降水量普遍在 104mm 以下，而多年蒸发量达 2000mm，因而，降水对地下水的入渗补给微乎其微。但是在强降雨条件下，山前地带会形成暴雨洪流，并部分入渗补给地下水。

吐鲁番盆地平原区的暴雨洪流量计算主要参照《吐鲁番盆地山洪沟降水量及地表水资源量》所提供的 85 条山洪沟确定，与研究区相关的暴雨洪流入渗量约为 1.90 亿 m³（表 5-1）。

表 5-1 现状年暴雨洪流入渗补给量评价结果

系统代号	汇水面积 （km²）	径流深 （mm）	山前洪流量 （亿 m³）	入渗系数	暴雨洪流入渗 补给量（亿 m³）
I_1^2	1592	39.89	0.6351	0.8	0.5081
I_{2-1}^2	1789	60.41	1.0808	0.8	0.8646
I_{2-2}^2	2000	32.66	0.6531	0.8	0.5225
合计	5381				1.8952

2. 河谷潜流

河谷潜流为山区河谷地下径流（潜流）对山前平原的侧向流入，新疆维吾尔自治区地质矿产勘查开发局第一水文工程地质大队对此进行了详细研究，相关数据在本书引用参考。吐鲁番盆地北部山区部分沟谷内及沟口修建水库和截潜工程，河谷潜流量大都转化为地表水，不补给地下水，在此不计算这些沟谷潜流量。对具有钻孔控制的典型河谷采用断面法进行计算；对无钻孔控制的沟谷，根据径流补给条件及地貌特点按河谷（沟谷）类型、大小规模、径流大小将山区河谷分类，采用类比的方法计算出其河谷潜流量，评价出的河谷潜流量约为 0.43 亿 m³（表 5-2）。

表 5-2 现状年河谷潜流量评价结果

系统 分区	河流名称	渗透系数 （m/d）	含水层平均 厚度（m）	断面宽 度（m）	断面面 积（m²）	水力坡 度 I（‰）	河谷潜流量 （亿 m³）
I_1^2	白杨河	20.95	30	170	5 100	30	0.011 7
	阿拉沟	16.12			3 655.84	34	0.007 3
	鱼儿沟	16.12	23	50	1 150	34	0.002 3
	祖鲁木图沟	16.12	23	300	6 900	34	0.013 8
	乌斯通沟	22.18			1 227.32	34	0.003 4
	苏贝希沟	10.97			261.5	34	0.000 4
	小计						0.038 9

续表

系统分区	河流名称	渗透系数（m/d）	含水层平均厚度（m）	断面宽度（m）	断面面积（m²）	水力坡度 I（‰）	河谷潜流量（亿 m³）
I_{2-1}^2	大河沿河	20.95			45 900	30	0.105 3
	塔尔朗沟	20.95	60	200	12 000	30	0.027 5
	煤窑沟	20.89	6	330	1 980	30	0.004 5
	黑沟	20.89			9 288.78	30	0.021 2
	恰勒坎河	20.89	20	88.86	1 777.2	30	0.004 1
	二塘沟	38.63			53 900	30	0.228
	小计						0.390 6
合计							0.429 5

3. 河流渗漏量

河流渗漏量利用吐鲁番盆地实测的主要河流水文资料，将河流径流量减去河流引水量，再乘以河流的渗漏系数确定，天山水系总的河流渗漏量约为 3.48 亿 m³（表5-3）。

表5-3　现状年天山水系河流渗漏量评价结果　（单位：亿 m³）

系统分区	河流名称	河流渗漏量
I_1^2	阿拉沟	0.6910
	乌斯通沟	0.2015
	白杨河	0.7207
	小计	1.6132
I_{2-1}^2	大河沿河	0.4466
	恰勒坎河	0.1440
	塔尔朗沟	0.2741
	煤窑沟	0.2835
	黑沟河	0.1176
	二塘沟	0.3775
	柯柯亚河	0.2213
	小计	1.8646
合计		3.4778

除主要河流外，吐鲁番北盆地地下水在火焰山北侧溢出，形成泉集河，通过胜金口、吐峪沟、连木沁沟、树柏沟、葡萄沟 5 条沟流入南盆地，其中，据调

查，葡萄沟的地表水已汇入煤窑沟，在此不再单独统计。经过评价，火焰山水系河道渗漏量约为 0.24 亿 m³ （表 5-4）。

表 5-4　现状年火焰山水系河流渗漏量评价结果　　（单位：亿 m³）

系统分区	河流名称	河流渗漏量
$I^2_{2\text{-}2}$	胜金口	0.1457
	吐峪沟	0.0040
	连木沁沟	0.0897
	树柏沟	0.0042
合计		0.2436

吐鲁番盆地天山水系和火焰山水系合计河道渗漏量约为 3.72 亿 m³。

4. 渠系渗漏补给量

渠系渗漏补给量为地表水引水渠系进入田间以前各级渠道对地下水的渗漏补给，可通过渠首引水量、渠系渗漏系数、渠道综合利用系数等参数进行计算。利用近期年份渠系年均引水数据资料和渠系渗漏系数，研究干支两级渠道的渗漏补给量，吐鲁番盆地天山水系和火焰山水系合计渠系渗漏补给量约为 0.46 亿 m³ （表 5-5 和表 5-6）。

表 5-5　现状年天山水系渠系渗漏补给量评价结果

系统分区	乡镇	引水源	引水渠	引水量 （亿 m³）	干支渠系渗漏系数	渠系渗漏补给量 （亿 m³）
I^2_1	郭勒布依乡	白杨河	河东胜利干渠	0.154	0.12	0.0185
		阿拉沟河	河东支渠	0.1102	0.07	0.0077
	夏乡	白杨河	托台胜利渠	0.4732	0.12	0.0568
		阿拉沟河	托台支渠	0.3562	0.11	0.0392
	博斯坦乡	阿拉沟河	阿博支渠	0.1562	0.15	0.0234
			伊拉湖南支渠			
		乌斯通河	青年干渠	0.08	0.25	0.02
	伊拉湖镇	阿拉沟河	阿博支渠	0.2065	0.15	0.031
			伊拉湖南支渠			
	艾丁湖乡	大河沿河	红星干渠	0.5061	0.08	0.0405
小计				2.0424		0.2371

续表

系统分区	乡镇	引水源	引水渠	引水量 （亿 m³）	干支渠系渗漏系数	渠系渗漏补给量 （亿 m³）
$I_{2\text{-}1}^2$	七泉湖镇	黑沟	1、2 居委会支渠	0.0251	0.08	0.002
	葡萄乡	煤窑沟	第一人民渠	0.0291	0.08	0.0023
	胜金乡	黑沟	黑沟干渠	0.0131	0.08	0.001
		煤窑沟	第二人民渠	0.0154	0.08	0.0012
	原种场	煤窑沟	原种场支渠	0.0084	0.08	0.0007
	红柳河园艺场	塔尔朗河	园艺场支渠	0.1082	0.08	0.0087
	辟展乡	柯柯亚河	柯柯亚 4 闸	0.2808	0.08	0.0225
			柯柯亚 5 闸、6 闸			
	连木沁镇	柯柯亚河	连木沁支渠	0.2196	0.08	0.0176
		二塘沟	连木沁镇支渠	0.0769	0.1	0.0077
	鄯善城区	柯柯亚河	柯柯亚 4 闸、6 闸	0.0483	0.08	0.0039
	吐峪沟乡	二塘沟	二塘沟干渠	0.012	0.11	0.0013
	小计			0.8369		0.0689
$I_{2\text{-}2}^2$	三堡乡	黑沟	三堡支渠	0.0819	0.08	0.0065
	二堡乡	黑沟	二堡支渠	0.0792	0.08	0.0063
	亚尔镇	塔尔朗河	1、4 管理区	0.2584	0.08	0.0207
			2、3 管理区	0.0823	0.08	0.0066
	恰特喀勒乡	煤窑沟	解放支渠、尔普坎支渠	0.1766	0.08	0.0141
			东坎支渠、第一人民渠			
	葡萄乡	煤窑沟	第一人民渠	0.2623	0.08	0.021
	鲁克沁镇	二塘沟	鲁克沁干渠	0.1058	0.11	0.0116
	迪坎乡	二塘沟	迪坎渠	0.0063	0.12	0.0008
	达浪坎乡	二塘沟	二塘沟干渠	0.0987	0.08	0.0079
	吐峪沟乡	二塘沟	二塘沟干渠	0.1081	0.11	0.0119
	小计			1.2596		0.1074
合计				4.1389		0.4134

表 5-6　现状年火焰山水系渠系渗漏补给量评价结果

系统分区	乡镇	引水源	引水渠	引水量（亿 m³）	干支渠系渗漏系数	渠系渗漏补给量（亿 m³）
I_{2-2}^2	二堡乡、三堡乡	胜金口	三、二支渠	0.3143	0.08	0.0251
	吐峪沟乡	吐峪沟	吐峪沟支渠	0.0084	0.11	0.0009
	鲁克沁镇	连木沁镇	鲁克沁干渠	0.1936	0.08	0.0155
	辟展乡	树柏沟		0.0091	0.1	0.0009
	合计			0.5254		0.0424

5. 渠灌田间渗漏补给量

渠灌田间入渗补给量是指渠灌水（地表水）进入田间后经过包气带入渗补给地下水的量，包括斗农渠在输水过程中对地下水的渗漏补给量及田间灌溉对地下水的入渗补给量两部分。渠灌田间渗漏补给量合计约为 0.92 亿 m³（表 5-7 和表 5-8）。

表 5-7　现状年吐鲁番盆地渠灌田间渗漏补给量评价结果

系统分区	乡镇	引水源	斗农渠引水（亿 m³）	斗农渠渗漏系数	斗农渠入渗补给（亿 m³）	进入田间水量（亿 m³）	渠灌田间入渗系数	田间入渗（亿 m³）	渠灌田间入渗补给（亿 m³）
I_1^2	郭勒布依乡	白杨河	0.115 5	0.19	0.021 9	0.069 3	0.15	0.010 395	0.032 3
		阿拉沟河	0.093 7	0.22	0.020 6	0.049 6	0.15	0.007 44	0.028 0
	夏乡	白杨河	0.354 9	0.19	0.067 4	0.212 9	0.15	0.031 935	0.099 3
		阿拉沟河	0.277 8	0.2	0.055 6	0.161 1	0.15	0.024 165	0.079 8
	博斯坦乡	阿拉沟河	0.109 4	0.17	0.018 6	0.07	0.15	0.010 5	0.029 1
		乌斯通河	0.04	0.05	0.002	0.036	0.15	0.005 4	0.007 4
	伊拉湖镇	阿拉沟河	0.144 5	0.17	0.024 6	0.092 5	0.15	0.013 875	0.038 5
	艾丁湖乡	大河沿河	0.430 2	0.15	0.064 5	0.292 5	0.15	0.043 875	0.108 4
	小计		1.566		0.275 2	0.983 9		0.147 585	0.422 8

系统分区	乡镇	引水源	斗农渠引水（亿 m³）	斗农渠渗漏系数	斗农渠入渗补给（亿 m³）	进入田间水量（亿 m³）	渠灌田间入渗系数	田间入渗（亿 m³）	渠灌田间入渗补给（亿 m³）
I_{2-1}^2	七泉湖镇	黑沟	0.021 3	0.15	0.003 2	0.014 5	0.15	0.002 175	0.005 4
	葡萄乡	煤窑沟	0.024 8	0.15	0.003 7	0.016 8	0.15	0.002 52	0.006 2
	胜金乡	黑沟	0.011 1	0.15	0.001 7	0.007 6	0.15	0.001 14	0.002 8
		煤窑沟	0.013	0.15	0.002	0.008 9	0.15	0.001 335	0.003 3
	原种场	煤窑沟	0.007 1	0.15	0.001 1	0.004 8	0.15	0.000 72	0.001 8
	红柳园艺场	塔尔朗河	0.092	0.15	0.013 8	0.062 5	0.15	0.009 375	0.023 2
	辟展乡	柯柯亚河	0.104 9	0.12	0.012 6	0.078 7	0.15	0.011 805	0.024 4
	连木沁镇	柯柯亚河	0.182 3	0.12	0.021 9	0.136 7	0.15	0.020 505	0.042 4
		二塘沟	0.061 5	0.1	0.006 2	0.048	0.15	0.007 2	0.013 4
	鄯善城区	柯柯亚河	0.040 1	0.12	0.004 8	0.030 1	0.15	0.004 515	0.009 3
	吐峪沟乡	二塘沟	0.009 3	0.09	0.000 8	0.007 5	0.15	0.001 125	0.001 9
	小计		0.567 4		0.071 8	0.416 1		0.062 415	0.134 1
I_{2-2}^2	三堡乡	黑沟	0.069 6	0.15	0.010 4	0.047 3	0.15	0.007 095	0.017 5
	二堡乡	黑沟	0.067 4	0.15	0.010 1	0.045 8	0.15	0.006 87	0.017 0
	亚尔镇	塔尔朗河	0.219 6	0.15	0.032 9	0.149 3	0.15	0.022 395	0.055 3
			0.07	0.15	0.010 5	0.047 6	0.15	0.007 14	0.017 6
	恰特喀勒乡	煤窑沟	0.150 1	0.15	0.022 5	0.102 1	0.15	0.015 315	0.037 8
	葡萄乡	煤窑沟	0.223	0.15	0.033 4	0.151 6	0.15	0.022 74	0.056 1
	鲁克沁镇	二塘沟	0.081 5	0.09	0.007 3	0.066	0.15	0.009 9	0.017 2
	迪坎乡	二塘沟	0.004 8	0.08	0.000 4	0.003 9	0.15	0.000 585	0.001 0
	达浪坎乡	二塘沟	0.081 9	0.12	0.009 8	0.061 4	0.15	0.009 21	0.019 0
	吐峪沟乡	二塘沟	0.083 3	0.09	0.007 5	0.067 4	0.15	0.010 11	0.017 6
	小计		1.051 2		0.144 8	0.742 4		0.111 36	0.256 1
	合计		3.184 6		0.491 8	2.142 4		0.321 36	0.813 0

表5-8　现状年吐鲁番盆地渠灌田间渗漏补给量评价结果——火焰山

系统分区	乡镇	引水源	斗农渠引水（亿m³）	斗农渠渗漏系数	斗农渠入渗补给（亿m³）	进入田间水量（亿m³）	渠灌田间入渗系数	田间入渗（亿m³）	渠灌田间入渗补给（亿m³）
I_{2-2}^2	二堡乡、三堡乡	胜金口	0.2671	0.15	0.0401	0.1817	0.15	0.0273	0.0673
	吐峪沟乡	吐峪沟	0.0065	0.09	0.0006	0.0053	0.15	0.0008	0.0014
	鲁克沁镇	连木沁沟	0.1607	0.12	0.0193	0.1205	0.15	0.0181	0.0374
	辟展乡	树柏沟	0.0073	0.1	0.0007	0.0057	0.15	0.0009	0.0016
	合计		0.4416		0.0607	0.3132		0.0471	0.1077

6. 水库坑塘渗漏补给量

目前吐鲁番盆地平原区共有11座平原水库。水库渗漏补给量根据其历年平均库容量或常年蓄水量乘以其渗漏补给系数计算，评价结果约为0.15亿m³（表5-9）。

表5-9　现状年吐鲁番盆地水库渗漏补给量评价结果

系统分区	水库名称	常年蓄水量（万m³）	库塘渗漏系数	水库渗漏补给量（亿m³）
I_1^2	红山水库	5350	0.2	0.107
	托台水库	120	0.3	0.0036
	小计	5470		0.1106
I_{2-1}^2	胜金口水库	120	0.3	0.0036
	胜金台水库	80	0.3	0.0024
	连木沁镇七大队水库	30	0.3	0.0009
	连木沁镇八大队水库	20	0.3	0.0006
	连木沁镇十大队水库	20	0.3	0.0006
	小计	270		0.0081
I_{2-2}^2	葡萄沟水库	550	0.3	0.0165
	雅尔乃孜水库	400	0.3	0.012
	洋沙水库	70	0.3	0.0021
	鲁克沁水库	20	0.3	0.0006
	小计	1040		0.0312
	合计	6780		0.1499

7. 井灌回归补给量

井灌回归补给量是指抽取地下水灌溉后经过包气带入渗补给地下水的量，包括机井水、坎儿井水、自流井水以及泉水的入渗回归补给。其计算方法与渠灌田间入渗补给量计算方法类似，先计算井水在渠道中的渗漏补给量，再计算井水在田间的入渗补给量，二者之和即为井灌回归补给量，共计约 1.67 亿 m³（表 5-10 ~ 表 5-14）。

表 5-10 现状年机井灌回归补给量评价结果

系统分区	乡镇	县（区）	机井开采量（亿 m³）	渠道渗漏系数	渠道渗漏量（亿 m³）	田间入渗系数	田间入渗量（亿 m³）	回归补给量（亿 m³）
I_1^2	郭勒布依乡	托克逊县	0.4624	0.07	0.0324	0.12	0.0499	0.0823
	托克逊城区	托克逊县	0.0018	0.07	0.0001	0.12	0.0002	0.0003
	博斯坦乡	托克逊县	0.3627	0.07	0.0254	0.12	0.0392	0.0646
	伊拉湖镇	托克逊县	0.2129	0.07	0.0149	0.12	0.0230	0.0379
	夏乡	托克逊县	0.3811	0.07	0.0267	0.12	0.0412	0.0679
	艾丁湖乡	高昌区	0.2026	0.07	0.0142	0.12	0.0219	0.0361
	二二一团	高昌区	0.0459	0.07	0.0032	0.12	0.0050	0.0082
	亚尔镇	高昌区	0.0205	0.07	0.0014	0.12	0.0022	0.0036
	恰特喀勒乡	高昌区	0.2211	0.07	0.0155	0.12	0.0239	0.0394
	小计		1.9110		0.1338		0.2065	0.3403
I_{2-1}^2	大河沿镇	吐鲁番	0.0012	0.07	0.0001	0.12	0.0001	0.0002
	鄯善县城区	鄯善	0.0480	0.07	0.0034	0.12	0.0052	0.0086
	辟展镇	鄯善	0.0805	0.07	0.0056	0.12	0.0087	0.0143
	七泉湖镇	高昌区	0.0001	0.07	0	0.12	0	0
	胜金乡	高昌区	0.2681	0.07	0.0188	0.12	0.0290	0.0478
	亚尔镇	高昌区	0.1628	0.07	0.0114	0.12	0.0176	0.0290
	高昌区城区	高昌区	0.0127	0.07	0.0009	0.12	0.0014	0.0023
	葡萄乡	高昌区	0.0073	0.07	0.0005	0.12	0.0008	0.0013
	小计		0.5807		0.0407		0.0628	0.1035

续表

系统分区	乡镇	县（区）	机井开采量（亿 m³）	渠道渗漏系数	渠道渗漏量（亿 m³）	田间入渗系数	田间入渗量（亿 m³）	回归补给量（亿 m³）
I^2_{2-2}	迪坎乡	鄯善县	0.2890	0.07	0.0202	0.12	0.0312	0.0514
	吐峪沟乡	鄯善县	0.7701	0.07	0.0539	0.12	0.0832	0.1371
	鲁克沁镇	鄯善县	0.4760	0.07	0.0333	0.12	0.0514	0.0847
	达浪坎乡	鄯善县	0.5606	0.07	0.0392	0.12	0.0605	0.0997
	连木沁镇	鄯善县	0.1264	0.07	0.0088	0.12	0.0137	0.0225
	二堡乡	高昌区	0.3840	0.07	0.0269	0.12	0.0415	0.0684
	葡萄乡	高昌区	0.1120	0.07	0.0078	0.12	0.0121	0.0199
	恰特喀勒乡	高昌区	0.6509	0.07	0.0456	0.12	0.0703	0.1159
	三堡乡	高昌区	0.7253	0.07	0.0508	0.12	0.0783	0.1291
	吐鲁番城区	高昌区	0.0089	0.07	0.0006	0.12	0.0010	0.0016
	亚尔镇	高昌区	0.1681	0.07	0.0118	0.12	0.0182	0.0300
小计			4.2713		0.2989		0.4614	0.7603
合计			6.7630		0.4734		0.7307	1.2041

注：由于二二一团所在地位于高昌区，本表统计数据将其并入高昌区。

表 5-11 现状年坎儿井灌溉回归补给量评价结果

行政分区	乡镇	盆地	坎儿井开采量（亿 m³）	坎儿井引水量（亿 m³）	渠道渗漏系数	渠系渗漏量（亿 m³）	田间入渗系数	田间入渗量（亿 m³）	生态引水量	坎儿井回归补给量（亿 m³）
高昌区	葡萄乡	南盆地	0.0680	0.0476	0.07	0.0033	0.12	0.0051	0.0204	0.0166
	恰特喀勒乡	南盆地	0.1071	0.0750	0.07	0.0053	0.12	0.0081	0.0321	0.0262
	亚尔镇	南北盆地	0.1520	0.1064	0.07	0.0074	0.12	0.0115	0.0456	0.0371
	胜金乡	北盆地	0.0152	0.0106	0.07	0.0007	0.12	0.0011	0.0046	0.0036
	艾丁湖乡	南盆地	0.0328	0.0229	0.07	0.0016	0.12	0.0025	0.0099	0.0081
小计			0.3751	0.2625		0.0183		0.0283	0.1126	0.0916
鄯善县	连木沁镇	北盆地	0.3662	0.2563	0.07	0.0179	0.12	0.0277	0.1099	0.0896
	吐峪沟乡	北盆地	0.0323	0.0226	0.07	0.0016	0.12	0.0024	0.0097	0.0079
	鲁克沁镇	南盆地	0.0158	0.0110	0.07	0.0008	0.12	0.0012	0.0048	0.0039
	迪坎乡	南盆地	0.0246	0.0172	0.07	0.0012	0.12	0.0019	0.0074	0.0061
小计			0.4389	0.3071		0.0215		0.0332	0.1318	0.1074

行政分区	乡镇	盆地	坎儿井开采量 （亿 m³）	坎儿井引水量 （亿 m³）	渠道渗漏系数	渠系渗漏量 （亿 m³）	田间入渗系数	田间入渗量 （亿 m³）	生态引水量	坎儿井回归补给量 （亿 m³）
托克逊县	郭勒布依乡	南盆地	0.1409	0.0986	0.07	0.0069	0.12	0.0106	0.0423	0.0344
	夏乡	南盆地	0.0431	0.0302	0.07	0.0021	0.12	0.0033	0.0129	0.0106
	小计		0.1840	0.1288		0.0090		0.0139	0.0552	0.0450
合计			0.9980	0.6984		0.0488		0.0754	0.2996	0.2440

表 5-12　现状年自流井灌溉回归补给量评价结果

行政分区	乡镇	自流井开采量 （亿 m³）	自流井引水量 （亿 m³）	渠道渗漏系数	渠系渗漏量 （亿 m³）	田间入渗系数	田间入渗量 （亿 m³）	生态引水量 （亿 m³）	自流井回归补给量 （亿 m³）
高昌区	胜金乡	0.0274	0.0192	0.07	0.0013	0.12	0.0021	0.0082	0.0067
	艾丁湖乡	0.0019	0.0013	0.07	0.0001	0.12	0.0001	0.0006	0.0004
	恰特喀勒乡	0.0033	0.0023	0.07	0.0002	0.12	0.0002	0.0010	0.0008
	小计	0.0326	0.0228		0.0016		0.0024	0.0098	0.0079
鄯善县	迪坎尔乡	0.0008	0.0006	0.07	0	0.12	0.0001	0.0002	0.0002
	小计	0.0008	0.0006		0		0.0001	0.0002	0.0002
托克逊县	郭勒布依乡	0.0488	0.0342	0.07	0.0024	0.12	0.0037	0.0146	0.0119
	博斯坦乡	0.0089	0.0062	0.07	0.0004	0.12	0.0007	0.0027	0.0022
	夏乡	0.0456	0.0319	0.07	0.0022	0.12	0.0034	0.0137	0.0111
	小计	0.1033	0.0723		0.0050		0.0078	0.0310	0.0252
合计		0.1367	0.0957		0.0066		0.0103	0.0410	0.0333

表 5-13　现状年污水回归补给量评价结果

行政分区	污水排放量 （亿 m³）	污水入渗系数	污水回归补给量 （亿 m³）
高昌区	0.0326	0.20	0.0065
鄯善县	0.0191	0.20	0.0038
托克逊县	0.0109	0.20	0.0022
合计	0.0626		0.0125

表 5-14　现状年泉水回归渗漏补给量评价结果

行政分区	乡镇	泉水名称	泉水流量（亿 m³）	泉水引水量（亿 m³）	泉水渗失量（亿 m³）	渠道渗漏系数	渠系渗漏量（亿 m³）	田间入渗系数	田间入渗量（亿 m³）	泉水回归补给量（亿 m³）
高昌区	艾丁湖乡	大汗沟泉	0.1586	0.1586	0	0.07	0.0111	0.12	0.0171	0.0282
		雅尔乃孜泉	0.0403	0.0322	0.0081	0.07	0.0023	0.12	0.0035	0.0090
		大草湖泉	0.3043	0.2127	0.0916	0.07	0.0149	0.12	0.0230	0.0745
	亚尔镇	雅尔乃孜泉	0.0076	0.0061	0.0015	0.07	0.0004	0.12	0.0007	0.0017
		桃尔沟泉	0.0292	0.0234	0.0058	0.07	0.0016	0.12	0.0025	0.0064
	恰特喀勒乡	雅尔乃孜泉	0.0494	0.0395	0.0099	0.07	0.0028	0.12	0.0043	0.0111
	胜金乡	木头沟合成泉	0.0001	0.0001	0	0.07	0	0.12	0	0
	红柳河	桃树园泉	0.1222	0.0977	0.0245	0.07	0.0068	0.12	0.0106	0.0272
	园艺场	一碗泉	0.0795	0.0636	0.0159	0.07	0.0045	0.12	0.0069	0.0178
	小计		0.7912	0.6339	0.1573		0.0444		0.0686	0.1759
鄯善县	连木沁镇	沙吾提阿卡等	0.0319	0.0255	0.0064		0.0018		0.0028	0.0072
		汉墩金泉	0.0009	0.0007	0.0002		0	0.12	0.0001	0.0002
		巴扎村泉	0.0025	0.0020	0.0005		0.0001		0.0002	0.0005
	小计		0.0353	0.0282	0.0071		0.0019		0.0031	0.0078
托克逊县	郭勒布依	Q6 泉	0.0424	0.0339	0.0085	0.07	0.0024	0.12	0.0037	0.0095
	小计		0.0424	0.0339	0.0085		0.0024		0.0037	0.0095
合计			0.8689	0.6960	0.1729		0.0487		0.0754	0.1933

据调查，吐鲁番盆地坎儿井和自流井的引水率为 70% ，除了对直接引用的井水进行入渗量的计算，在非农灌期的水多数用于生态，按照总径流量的 40% 计算其渗漏量，这部分量也计入井灌回归补给量中。

吐鲁番市三个县（区）都建有污水处理厂，经调查，污水处理后再利用于浇灌林带、防风带等，这部分量也计入井灌回归补给量中。

此外，吐鲁番盆地部分地区有少数泉水出露，这些泉水被农业引用，在此也计算了泉水的回渗补给量，并计入井灌回归补给量中。

5.1.2　地下水天然排泄量

1. 泉水和泉集河排泄量

现状年吐鲁番盆地的泉水溢出量为 0.8689 亿 m^3（表 5-14）。泉集河包括火焰山切割构造形成的胜金沟、吐峪沟、连木沁沟、树柏沟、葡萄沟五条小河，这些河道水量是地下水在火焰山北侧受阻后溢出汇集而成，总排泄量为 0.8861 亿 m^3。

2. 潜水蒸发量

吐鲁番市地下水浅埋带主要集中在南盆地艾丁湖及其周边地区，该区域西起托克逊县大地村，东至鄯善县迪坎镇，北起高昌区恰特喀勒乡，南至南部山区。由地形图可以看出，该区域属于吐鲁番盆地海拔最低处，接受吐鲁番全盆地地下水补给，为吐鲁番盆地地下水的排泄区，故该处地下水埋深较浅。由于降水稀少，蒸发强烈且水位埋深较浅，地下水矿化度较高，地下水主要为盐卤水，地表盐渍化程度为重度。地表岩性主要为粉土，南部分布有砂砾石。除此之外，在火焰山沿山一带也分布有小面积的地下水浅埋带。

新疆维吾尔自治区地质矿产勘查开发局第一水文工程地质大队曾在 2011 年对吐鲁番盆地潜水蒸发量进行了评价，其数据和方法可供我们参考（图 5-1）。按潜水埋藏深度划分出 0~1m、1~3m、3~5m 的埋深区间。根据探井颗粒分级报告及现场岩性描述，确定计算区岩性主要为粉土，其次为砂砾石，依据矿化度

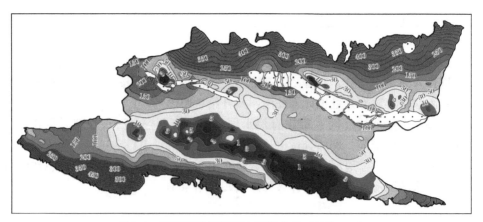

图 5-1　研究区浅层地下水埋深分布（单位：m）

分区图划分出潜水矿化度小于 50g/L 和大于 50g/L 的地区，对于南盆地埋深 0 ~ 1m 的盐卤水，蒸发强度乘以修正系数 0.0685。研究区 24 年的水面蒸发平均值为 2440.80mm/a，根据吐鲁番均衡试验场的试验成果，确定吐鲁番市水面蒸发折算系数为 0.48。

潜水蒸发需考虑植被修正系数。水位埋深小于 1m 取 1.32，1 ~ 3m 取 1.15，3 ~ 5m 取 1.06。经计算，吐鲁番盆地全区地下水潜水蒸发量为 1.7080 亿 m^3（表 5-15）。其中北盆地（I^2_{2-1}）为 0.0580 亿 m^3，南盆地（I^2_1 和 I^2_{2-2}）为 1.6500 亿 m^3。

表 5-15　研究区潜水蒸发量　　　　（单位：亿 m^3）

系统分区	潜水蒸发量
I^2_1	0.9498
I^2_{2-1}	0.0580
I^2_{2-2}	0.7002
合计	1.7080

5.1.3　地下水开发格局

地下水开采量包括机井、坎儿井和自流井开采量。据调查统计计算，现状年吐鲁番市农业机井开采量约为 6.76 亿 m^3，工业水源地地下水开采量约为 0.16 亿 m^3（表 5-16）、生活机井开采量约为 0.22 亿 m^3（表 5-17）。坎儿井开采量约为 1.00 亿 m^3，自流井开采量约为 0.14 亿 m^3。

表 5-16　现状年各行政区工业水源地机井地下水开采量统计

县（区）	乡镇或水源地名称	开采层位（m）	开采层岩性	井数（眼）	地下水开采量（亿 m^3）
鄯善县	达浪坎乡	50 ~ 120	细砂	1	0
	迪坎乡	25 ~ 110	中粗砂	23	0.0050
	连木沁镇	30 ~ 120	砂砾石	13	0.0077
	鲁克沁镇	50 ~ 105	中粗砂	12	0.0042
	辟展乡	25 ~ 80	砂砾石	4	0.0017
	鄯善城区	40 ~ 110	砂砾石	34	0.0111
	吐峪沟乡	35 ~ 120	粗砂	2	0
	小计			89	0.0297

续表

县（区）	乡镇或水源地名称	开采层位（m）	开采层岩性	井数（眼）	地下水开采量（亿 m³）
高昌区	七泉湖（小阴沟）水源地	50～120	砂砾石	8	0.0400
	吐哈雁木西水源地	50～275	砂砾石	2	0.0020
	吐鲁番市（葡北）水源地	220～300	砂砾石	5	0.0047
	小计			15	0.0467
托克逊县	夏乡（火电厂含工业园区）	40～110	砂砾石	16	0.0854
	小计			16	0.0854
合计				120	0.1618

表 5-17　现状年各行政区生活水源地机井地下水开采量统计

县（区）	水源地名称	开采层位（m）	开采层岩性	供水井数	开采量（m³）
鄯善县	鄯善县第一供排水公司	40～120	砂砾石	9	0.0570
	鄯善县农村供水总站	30～120	中砂、砂砾石	16	0.0100
	小计			25	0.0670
高昌区	火焰山旅游开发区	53～120	砂砾石	1	0.0002
	吐鲁番市自来水厂	15～110	砂砾石	4	0.0970
	艾丁湖乡水厂	45～90	砂砾石	1	0.0042
	亚尔镇建设队水厂	25～78	砂砾石	1	0.0007
	亚尔郭勒水厂	15～80	砂砾石、粗砂	1	0.0006
	葡萄沟水厂（煤窑沟截潜流）	1～8	卵砾石	1	0.0035
	二三堡乡水厂	1～5	中粗砂	1	0.0074
	恰特喀勒乡水厂	30～90	砂砾石	2	0.0049
	胜金乡水厂	20～80	中粗砂	1	0.0009
	小计			13	0.1194

续表

县（区）	水源地名称	开采层位 （m）	开采层 岩性	供水 井数	开采量 （m³）
托克逊县	博斯坦乡水厂	25~60	砂砾石	2	0.0024
	伊拉湖镇五大队水厂	20~100	中粗砂	1	0.0011
	琼帕依孜村水厂	30~80	砂砾石	1	0.0015
	郭勒布扎乡流水泉村水厂	8~60	中粗砂	1	0.0005
	克尔碱镇（泉集泵汲）	0~3	砂岩	2	0.0012
	夏乡南湖水厂	20~90	中粗砂	1	0.0015
	夏乡托台村供水站	20~120	中粗砂	2	0.0030
	郭勒布依乡二村水厂	30~100	砂砾石	1	0.0005
	托克逊县自来水厂	10~110	砂砾石	2	0.0163
	郭勒布依乡四村水厂	25~90	砂砾石	1	0.0010
	郭勒布依乡三村水厂	25~100	砂砾石	1	0.0015
	小计			15	0.0305
合计				53	0.2169

5.1.4　地下水水量均衡状况

研究区现状总补给量约为 9.26 亿 m³，地下水总排泄量约为 11.74 亿 m³（表 5-18）。研究区地下水补给主要来自暴雨洪流、河流渗漏、渠灌田间渗漏和机井灌溉回归，四项占总补给量的 84%，其余补给量均小于 6%。排泄量中主要为农业机井开采和潜水蒸发，分别占盆地地下水总排泄量的 58% 和 15%。盆地总补给量显著小于总排泄量，相差约 2.48 亿 m³，主要由地下水超采和消耗地下水储量补充。

表 5-18　艾丁湖流域现状地下水均衡状况　　　　（单位：亿 m³）

补给项	补给量	排泄项	排泄量
暴雨洪流	1.8952	农业机井开采	6.7630
河谷潜流	0.4295	工业水源地开采	0.1618
河流渗漏（含火焰山水系）	3.7214	生活水源地开采	0.2169
渠系渗漏（含火焰山水系）	0.4558	坎儿井开采	0.9980
渠灌田间渗漏	0.9207	自流井开采	0.1367

续表

补给项	补给量	排泄项	排泄量
机井灌溉回归	1.2041	泉/泉集河排泄	1.7550
坎儿井灌溉回归	0.2440	潜水蒸发	1.7080
自流井灌溉回归	0.0333		
泉水回归	0.1933		
水库坑塘渗漏	0.1499		
污水渗漏回归	0.0125		
合计	9.2597		11.7394

5.2 现状地下水开发生态效应

5.2.1 稳定流地下水模拟

　　根据当前地下水评价成果，以 2011 年为起始年份，首先进行地下水稳定流模拟，地下水补给项中暴雨洪流、河谷潜流、机井灌溉回归、自流井灌溉回归、水库坑塘渗漏、污水渗漏回归根据现状地下水补给量评价成果给定。河流渗漏量、渠系渗漏量、渠灌田间渗漏量、坎儿井回归补给量等在艾丁湖盆地内的转换关系十分复杂，之前基于渗漏补给系数估算的评价数据不一定可靠。COMUS 模型能够完整地对河流和渠道组成的地表水系之间的汇流、分水关系，以及地表水、地下水之间的转化关系进行模拟，因此河流渗漏量、渠系渗漏量、坎儿井回归补给量是由模型自动模拟识别的，而非人为设定。地下水排泄项中，农业、工业和生活地下水开采以及自流井开采根据现状地下水补给量评价成果给定，其中对南盆地农业地下水开采量进行消减以能达到地下水采补平衡状态。坎儿井开采、泉/泉集河排泄和潜水蒸发与盆地地下水位分布状态直接相关，也是模型可以模拟的排泄项。稳定流模型经调整后，模拟地下水均衡见表 5-19。

表 5-19　稳定流模拟地下水补给和排泄均衡　　（单位：亿 m³）

补给项	补给量	排泄项	排泄量
暴雨洪流	1.8952	农业机井开采	4.0591
河谷潜流	0.4295	工业水源地开采	0.1618

续表

补给项	补给量	排泄项	排泄量
河流渗漏（含火焰山水系）	4.4996	生活水源地开采	0.2169
渠系渗漏（含火焰山水系）	1.1002	坎儿井开采	1.4916
渠灌田间渗漏	1.1199	自流井开采	0.1367
机井灌溉回归	0.7887	泉/泉集河排泄	1.5373
坎儿井灌溉回归	0.3368	潜水蒸发	2.7543
自流井灌溉回归	0.0333	艾丁湖湖盆蒸发	0.1566
泉水回归	0.1544		
水库坑塘渗漏	0.1499		
污水渗漏回归	0.0125		
合计	10.5200		10.5143

针对大草湖泉、大汗沟泉、雅尔乃孜泉等流量较大的泉进行了参数识别。大草湖泉泉水流量为 0.3043 亿 m³/a，艾丁湖镇灌溉引水量为 0.2127 亿 m³/a，吐鲁番城乡一体化大草湖饮水工程设计日引水量为 26 205m³（0.0956 亿 m³/a），其中吐鲁番老城区设计日引水量为 16 192m³，"四乡一场"（艾丁湖镇、亚尔镇、葡萄镇、恰特喀勒乡和原种场）设计日引水量为 10 012m³。引水主管道为直径 600mm 两条玻璃钢管道，大草湖泉眼至 312 国道收费站总长为 66km。大草湖地下水主要接受北部山前的洪流补给以及西北向的白杨河渗漏补给。白杨河小草湖渠首多年平均流量为 1.7076 亿 m³，巴依托海渠首多年平均流量为 1.6564 亿 m³，白杨河小草湖—巴依托海渠首区间沿程损失 0.0512 亿 m³，因此大草湖泉大部分补给来源为北部山前洪流。当前模型模拟大草湖泉流量为 0.3009 亿 m³/a。大汗沟泉流量为 0.1586 亿 m³/a，模拟流量为 0.1392 亿 m³/a。

利用南盆地人工绿洲区地下水位等值线和 2011 年地下水位统测数据进行模型调参，对模型水文地质参数分区和导水系数进行调整，模拟地下水位与观测地下水位等值线分布在人工绿洲区基本一致（图 5-2 和图 5-3）。统测水位点计算水位与观测水位除个别山前戈壁地区的地点偏差较大外，在人工绿洲区吻合良好。

南盆地的地下水补给主要有北部和西部两个方向。在南盆地的北部，北盆地的地下水从山前汇流，遇到火焰山—盐山阻挡，一部分地下水经由泉水出露转化为地表水，再通过火焰山吐峪沟、葡萄沟、胜金沟等切割构造形成的河流汇入到

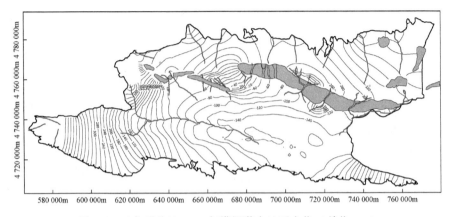

图 5-2　吐鲁番盆地 2011 年模拟潜水地下水位（单位：m）

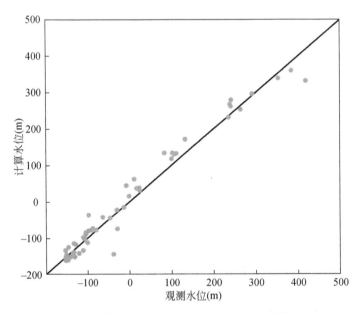

图 5-3　2011 年模型计算水位和地下水观测水位对比

南盆地，并在南盆地渗漏，重新形成对南盆地地下水的补给，还有一部分水量直接通过火焰山—盐山之间的缺口汇入南盆地，这些从北盆地汇入的地下水，继续在地势作用下向南盆地最低点艾丁湖汇流。在南盆地的西部，阿拉沟、白杨河、乌斯通沟的河流下渗形成对盆地地下水的充分补给，并由西向东运动，最终也向艾丁湖方向汇流。

5.2.2 现状地下水流场模拟

将稳定流模型模拟的地下水流场作为初始条件，利用 2011～2017 年径流和地下水开采资料建立非稳定流模型模拟地下水流场动态变化（图 5-4 和图 5-5）。非稳定流模拟地下水均衡变化见表 5-20。

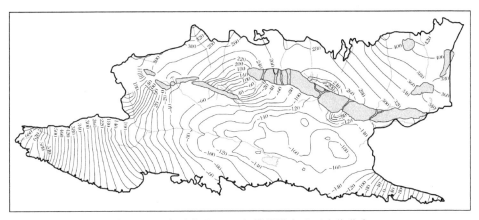

图 5-4 吐鲁番盆地 2017 年模拟潜水地下水位分布

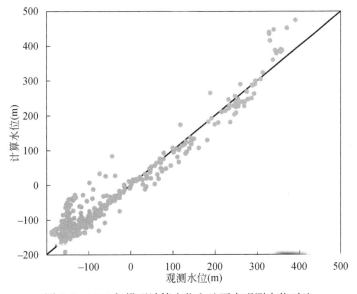

图 5-5 2017 年模型计算水位和地下水观测水位对比

表 5-20　非稳定流模拟地下水均衡变化　　　（单位：亿 m³）

年份	侧向补给、井灌回归	河流渗漏	渠系渗漏	渠灌田间渗漏、坎儿井灌溉回归	补给合计	机井开采	坎儿井流量	泉水排泄	潜水蒸发	排泄合计	储变量
2011	3.79	3.17	1.09	1.61	9.66	7.28	1.49	1.30	2.66	12.73	−3.07
2012	4.00	3.16	1.09	1.60	9.85	7.67	1.46	1.29	2.47	12.89	−3.04
2013	3.97	3.60	1.09	1.60	10.26	7.63	1.45	1.28	2.41	12.77	−2.51
2014	3.67	2.89	1.09	1.60	9.25	7.05	1.46	1.29	2.31	12.11	−2.86
2015	3.26	6.54	1.08	1.60	12.48	6.26	1.49	1.31	2.60	11.66	0.82
2016	3.15	6.21	1.08	1.61	12.05	6.04	1.52	1.32	2.94	11.82	0.23
2017	3.15	3.60	1.08	1.61	9.44	6.04	1.54	1.33	2.63	11.54	−2.10

5.2.3　地下水流场变化及生态效应

从 2011～2017 年地下水位变化分布图与各地下水生态功能区的平均水位变化来看（图 5-6），2011～2017 年，南盆地恰特喀勒乡、三堡乡、吐峪沟乡和达浪坎乡的人工绿洲区水位下降幅度较大，导致其下游自然绿洲区水位也出现明显下降趋势（表 5-21），主要是艾丁湖北部，包括恰特喀勒乡、二堡乡、三堡乡内自然绿洲区水位下降明显。

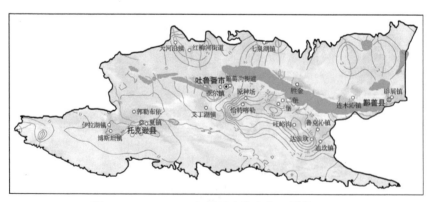

图 5-6　2011～2017 年地下水位变化（单位：m）

图中橙色线为水位降深等值线

表 5-21　地下水生态功能区 2011 ~ 2017 年地下水平均埋深

生态功能分区	水量水位双控分区	分区代码	面积（km²）	地下水埋深（m）						
				2011 年	2012 年	2013 年	2014 年	2015 年	2016 年	2017 年
人工绿洲区	高昌区北盆地	C1	76	9.93	9.95	9.97	9.94	9.87	9.82	9.78
	高昌区南盆地	C2	992	29.57	3.02	32.49	33.73	34.64	35.44	36.22
	鄯善县北盆地	C3	437	36.78	36.80	36.82	36.80	36.73	36.65	36.58
	鄯善县南盆地	C4	478	7.35	72.30	72.93	73.97	74.89	74.95	75.44
	托克逊县	C5	714	25.51	25.67	25.77	25.78	25.43	25.15	24.96
自然绿洲区	疏叶骆驼刺草甸	N1	469	6.82	6.89	6.79	7.17	6.58	5.88	7.01
	芦苇盐生草甸、柽柳灌丛	N2	196	6.32	6.39	6.45	6.51	6.56	6.31	6.39
	柽柳灌丛+盐穗木荒漠	N3	84	7.43	7.56	7.54	7.56	7.65	7.31	7.50
	疏叶骆驼刺草甸+柽柳灌丛	N4	181	27.89	27.99	27.81	28.08	27.84	28.28	27.98
	骆驼刺盐生草甸+花花柴盐生草甸	N5	551	10.27	10.21	10.25	10.28	10.28	10.31	10.21

　　高昌区艾丁湖镇、亚尔镇人工绿洲区整体上水位变化不大，骆驼刺草场西侧范围内，主要包括吐托公路南侧的艾丁湖镇、夏镇和郭勒布依乡的自然绿洲区内地下水位下降不明显。艾丁湖区地下水位的下降速率更为缓慢，说明地下水经历了快速下降阶段以后，骆驼刺草场西侧地下水位下降速率已经明显放缓，或处于平稳状态，特别是 2015 年以来，随艾丁湖镇、夏镇人工绿洲区地下水位回升，野生骆驼刺保护基地（主要是夏镇自然绿洲区）内地下水位也有所回升，这是 2015 年骆驼刺生长情况明显好转的主要原因。该地区只要地下水位能维持现状（2017 年）水平，则能保障现有约 176 万亩的骆驼刺草场不再退化。因此对于艾丁湖以西艾丁湖镇、夏镇、郭勒布依乡自然绿洲区，应控制地下水位不再继续降低。上限仍按照 2.5 节中确定的生态水位上限进行控制。此控制水位埋深较根据典型植物根系深度和不同土壤质地毛细水上升高度计算得到的生态水位更深，较理论计算值更符合艾丁湖流域的实际情况。对于艾丁湖以北地区，由于现状地下水埋深已达 30 ~ 40m，应在科学分析该地区地下水与生态系统耦合关系的基础上确定合理的地下水位控制目标。

　　托克逊县博斯坦乡、伊拉湖镇和高昌区葡萄镇、七泉湖镇部分地区以及白杨河下游沿岸的地下水位抬升，主要与阿拉沟、煤窑沟等河流径流量增加，导致河流和渠系入渗增加有关。

5.3 本章小结

基于流域现状年水均衡分析,地下水补给量包括暴雨洪流入渗、河谷潜流、河流渗漏量、渠系渗漏补给量、渠灌田间渗漏补给量、水库坑塘渗漏补给量和井灌回归补给量;地下水排泄量包含泉水和泉集河排泄量、潜水蒸发量和地下水开采量。研究区现状总补给量约为9.26亿 m^3,地下水总排泄量约为11.74亿 m^3。研究区地下水补给主要来自暴雨洪流、河流渗漏、渠灌田间渗漏和机井灌溉回归,四项占总补给量的84%,其余补给量均小于6%。排泄量中主要为农业机井开采和潜水蒸发,分别占盆地地下水总排泄的58%和15%。盆地总补给量显著小于总排泄量,相差2.48亿 m^3,主要由地下水超采,消耗地下水储量补充。

以2011年为起始年份,首先进行地下水稳定流模拟,地下水补给项中暴雨洪流、河谷潜流、机井灌溉回归、自流井灌溉回归、水库坑塘渗漏、污水渗漏回归根据现状地下水补给量评价成果给定,对河流和渠系渗漏、渠灌田间补给和坎儿井回归补给进行模拟;地下水排泄项中,农业、工业和生活地下水开采以及自流井开采根据现状地下水补给量评价成果给定,其中对南盆地农业地下水开采量进行消减以能达到地下水采补平衡状态。利用南盆地人工绿洲区地下水位等值线和2011年地下水位统测数据进行模型调参,对模型水文地质参数分区和导水系数进行调整,模拟地下水位与观测地下水位等值线分布在人工绿洲区基本一致。

将稳定流模型模拟的地下水流场作为初始条件,利用2011~2017年径流和地下水开采资料建立非稳定流模型模拟地下水流场动态变化。模拟结果显示,南盆地恰特喀勒乡、三堡乡、吐峪沟乡和达浪坎乡的人工绿洲区水位下降幅度较大,导致其下游自然绿洲区水位也出现明显下降趋势,主要是艾丁湖北部,包括恰特喀勒乡、二堡乡、三堡乡内自然绿洲区水位下降明显。高昌区艾丁湖镇、亚尔镇人工绿洲区整体上水位变化不大,骆驼刺草场西侧范围内,主要包括吐托公路南侧的艾丁湖镇、夏镇和郭勒布依乡的自然绿洲区内地下水位下降不明显。托克逊县博斯坦乡、伊拉湖镇和高昌区葡萄镇、七泉湖镇部分地区以及白杨河下游沿岸的地下水位抬升,主要与阿拉沟、煤窑沟等河流径流量增加,导致河流和渠系入渗增加有关。

第6章 水资源开发总量控制下地下水变化及生态效应

艾丁湖流域地下水的合理开发利用，是在气候变化和人类活动双重作用造成水循环已经发生剧烈变化的背景下，一方面控制绿洲农业规模，减少农业地下水开采和河流引水灌溉，将人工绿洲和下游自然绿洲区地下水位维持在合理的生态水位范围内，减缓下游骆驼刺天然植被生态系统退化趋势，保障艾丁湖的入湖水量，维持艾丁湖一定的湖面面积；另一方面在"三条红线"地下水开采量控制目标下，采取高效节水、退地减水等措施，压减地下水超采量的同时，推动外调水工程，充分发挥地表水-地下水联合利用优势，加大地下水储备量，逐步恢复地下水超采区地下水位。

6.1 地下水用水总量控制及超采治理方案

6.1.1 地下水超采现状

根据《新疆地下水超采区治理方案》和《新疆水资源公报》，吐鲁番市地下水资源可利用量为 5.37 亿 m³。根据新疆维吾尔自治区水利厅编制完成的《新疆地下水超采区划定报告》（2018 年 8 月），划定吐鲁番鄯善超采区和托克逊超采区为浅层地下水超采区（图 6-1）。

吐鲁番鄯善超采区：地下水实际供水量 2015 年已经达到了 5.75 亿 m³，而地下水的可供水量为 4.07 亿 m³，地下水超采量为 1.68 亿 m³，地下水开采系数为 1.41。

托克逊超采区：地下水实际供水量 2015 年已经达到了 2.12 亿 m³，而地下水的可供水量为 1.30 亿 m⁴（此可供水量不含白杨河境外地表水转化的地下水资源），地下水超采量为 0.82 亿 m³，地下水开采系数为 1.63。

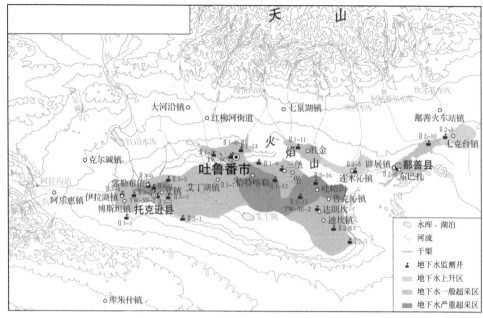

图 6-1　吐鲁番市地下水超采区分布（2015 年）

6.1.2　用水总量控制和地下水超采治理方案

根据《吐鲁番市用水总量控制实施方案》（2018 年 9 月），吐鲁番市（含二二一兵团）2020 年、2030 年用水总量分别降低至 12.73 亿 m³ 左右和 10.81 亿 m³ 左右（表 6-1）；地下水用水量分别降低至 6.22 亿 m³ 和 4.06 亿 m³。

表 6-1　吐鲁番市用水总量控制计划　　　　　　（单位：万 m³）

县城、团场	2016 年	2017 年	2018 年	2019 年	2020 年	2025 年	2030 年
高昌区	45 423	44 294	43 165	42 131	42 034	38 075	35 135
鄯善县	41 926	41 311	40 697	40 157	40 047	35 961	33 212
托克逊县	41 707	41 611	41 525	41 502	41 519	37 965	36 053
小计	129 056	127 216	125 387	123 790	123 600	112 001	104 400
二二一团	3 700	3 700	3 700	3 700	3 700	3 700	3 700
合计	132 756	130 916	129 087	127 490	127 300	115 701	108 100

根据《吐鲁番市地下水超采区治理方案》（2018 年 9 月），超采区地下水可供水量控制指标与总量控制指标一致，现状地下水供水量为 7.87 亿 m³，2020 年吐鲁番市地下水可供水量控制指标为 61 928 万 m³，2025 年控制指标为 49 198 万 m³，2030 年控制指标为 40 299 万 m³（表6-2）。

表 6-2　吐鲁番市地下水用水总量控制指标　（单位：万 m³）

县城、团场	2016 年	2017 年	2018 年	2019 年	2020 年	2025 年	2030 年
高昌区	30 334	28 327	26 321	24 409	23 435	19 104	15 792
鄯善县	27 405	26 157	24 910	23 737	22 995	18 601	15 544
托克逊县	18 216	17 287	16 359	15 513	14 698	10 593	7 963
预留	400	500	600	700	800	900	1000
小计	76 355	72 271	68 190	64 359	61 928	49 198	40 299
二二一团	271	271	272	272	273	287	300
合计	76 626	72 542	68 462	64 631	62 201	49 485	40 599

至 2030 年，用水总量压减 2.47 亿 m³，地下水压采量 3.61 亿 m³，地表水用水量增加 1.14 亿 m³，吐鲁番盆地全面实现地下水水量采补平衡（表6-3）。

表 6-3　吐鲁番市地下水超采区分阶段地下水压采量（单位：亿 m³）

超采区名称	超采区所在地	2015 年实际开采量	2015 年可开采量	超可采量	2020 年		2025 年		2030 年	
					控制指标	压采量	控制指标	压采量	控制指标	压采量
吐鲁番鄯善超采区	高昌区	2.79	2.12	0.67	2.42	0.37	2.00	0.42	1.68	0.32
	鄯善县	2.78	1.95	0.83	2.30	0.48	1.86	0.44	1.55	0.31
托克逊超采区	托克逊县	2.12	1.30	0.82	1.47	0.65	1.06	0.41	0.80	0.26

6.1.3　地下水超采治理工程措施

吐鲁番市地下水超采区治理的主要工程措施包括节水工程、退灌减水、水源置换和关停或封填机井。

到 2020 年吐鲁番市新增高效节水面积 26.46 万亩，更新改造高效节水面积 11.04 万亩；2021～2030 年新增高效节水面积 1.16 万亩，更新改造高效节水面积 5.16 万亩。到 2030 年累计新增高效节水面积 27.62 万亩，更新改造高效节水面积 16.20 万亩（表 6-4）。

表 6-4　吐鲁番市地下水超采区分治理工程措施及压减水量

| 超采区 | 超采区所在地 | 压采量（万 m³） | 时间 | 节水工程 | | 退灌减水 | | 水源置换 | | 压采量（万 m³） | 压减后超指标量（万 m³） | 关停或封填机井（眼） |
				新增面积（万亩）	新增节水量（万 m³）	面积（万亩）	压减水量（万 m³）	置换方式	置换水量（万 m³）			
吐鲁番鄯善超采区	高昌区	12 837	2016~2020 年	13.83	880	6.4	3318	引调水工程和大中型灌区配套改造工程	1250	5448	7389	269
			2021~2025 年	0.58	58	6.6	3408		750	4216	3173	277
			2026~2030 年	0.58	58	5.2	2615		500	3173	0	218
	鄯善县	12 299	2016~2020 年	12.84	810	5.8	3448	引调水工程和大中型灌区配套改造工程	550	4808	7491	244
			2021~2025 年	2.58	258	6.1	3492		650	4400	3091	256
			2026~2030 年	2.58	258	4.5	2433		400	3091	0	189
托克逊超采区	托克逊县	13 200	2016~2020 年	10.82	400	4.9	2459	引调水工程和大中型灌区配套改造工程	3650	6509	6691	142
			2021~2025 年	0	0	5.1	2431		1700	4131	2560	148
			2026~2030 年	0	0	3.5	1610		950	2560	0	101

　　退灌减水退减的主要是大户承包的国有土地。新疆大部分国有土地是 1996 年前后开发的，承包期为 30 年，截至 2017 年已使用了 20 年，还有 10 年使用期。承包到期后，可直接收回。承包未到期收回，算违约，需要赔偿。按照每亩每年 500 元标准赔偿，至 2030 年共退地 48.1 万亩。

6.2 地下水总量控制及超采治理方案下地下水模拟

6.2.1 预测模型中河流径流量及地下水开采量处理

目前，艾丁湖流域地下水开发规划方案主要有《吐鲁番市用水总量控制实施方案》（2018年9月）、《吐鲁番市地下水超采区治理方案》（2018年9月）。退减耕地主要是大户承包土地，高昌区集中在二堡乡、三堡乡和恰特喀勒乡，但火焰山以南盆地地下水超采的另一个主要原因是北盆地胜金乡引水灌溉和地下水开采，造成泉水和排泄量减少，穿过火焰山的河流下泄流量减小。

以2017年为起始年，对2018~2030年的地下水动态变化以及关键生态指示指标进行模拟，河流径流量采用多年平均径流量，模型中地表总径流量为9.27亿m³/a（图6-2）。2018~2030年地下水开采量根据总量控制方案和地下水压采方案采用线性内插到各年开采量后输入模型。

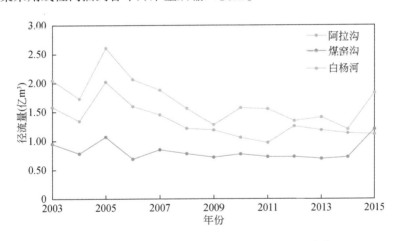

图6-2 阿拉沟、煤窑沟、白杨河预测模型流量变化

6.2.2 总量控制方案下地下水位变化

地下水位上升区主要分布在亚尔镇和葡萄镇的部分区域、胜金乡大部分的地带，地下水位下降区主要分布在火焰山二堡乡、三堡乡和恰特喀勒乡的大部分区域和亚尔镇西部（亚尔郭勒村一带）的范围内（图6-3~图6-7）。

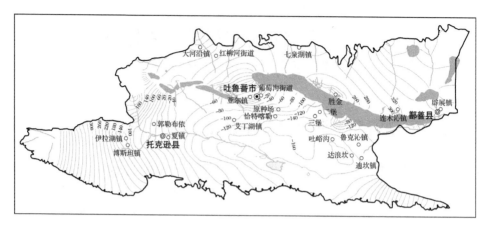

图 6-3　总量控制方案下艾丁湖流域模拟 2018 年地下水位（单位：m）

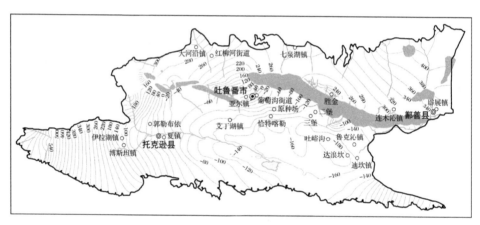

图 6-4　总量控制方案下艾丁湖流域模拟 2020 年地下水位（单位：m）

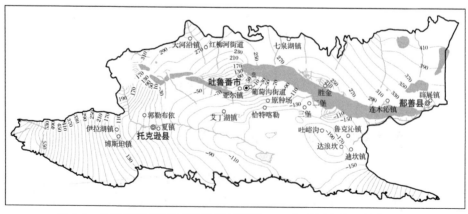

图 6-5　总量控制方案下艾丁湖流域模拟 2025 年地下水位（单位：m）

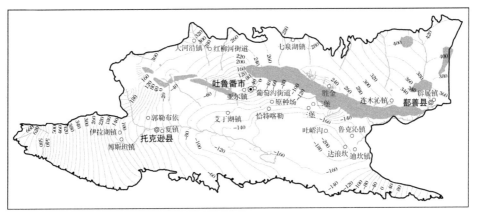

图 6-6 总量控制方案下艾丁湖流域模拟 2030 年地下水位（单位：m）

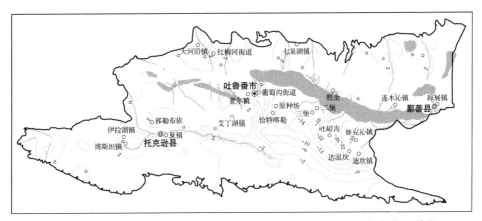

图 6-7 总量控制方案下艾丁湖流域 2030 年模拟地下水位相比 2017 年变化（单位：m）

从地下水各生态功能区平均水位变化来看（图 6-8 ~ 图 6-10），高昌区恰特喀勒乡、二堡乡、三堡乡，鄯善县迪坎镇、达浪坎乡、鲁克沁镇、吐峪沟乡的地下水位虽然下降速率逐渐减小，但地下水位仍呈下降趋势，导致其下游自然绿洲区，主要是艾丁湖以北恰特喀勒乡、二堡乡、三堡乡的自然绿洲区水位继续下降。艾丁湖以西艾丁湖镇、夏镇，郭勒布依乡自然绿洲区地下水位整体平稳，但夏镇自然绿洲区地下水位在干旱年份会出现低于水位控制目标的情况，但其上游夏镇人工绿洲区地下水位在总量控制方案下呈回升趋势，说明夏镇自然绿洲区地下水位主要受河流渗漏量影响。

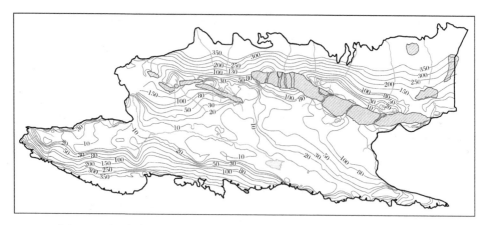

图 6-8　总量控制方案下艾丁湖流域模拟 2020 年地下水埋深（单位：m）

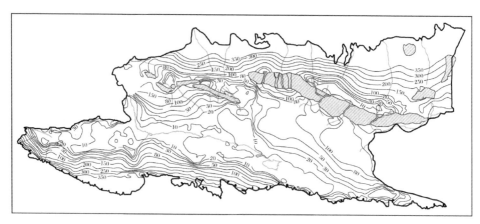

图 6-9　总量控制方案下艾丁湖流域模拟 2025 年地下水埋深（单位：m）

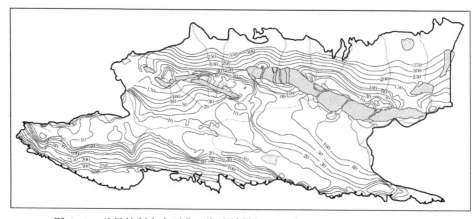

图 6-10　总量控制方案下艾丁湖流域模拟 2030 年地下水埋深（单位：m）

6.2.3 总量控制方案下地下水均衡变化

总量控制方案下，模型预测地下水储存量年均减少 0.43 亿 m³（表6-5），说明在 2030 年达到地下水采补平衡前，地下水仍处于超采状态，地下水开采量需要由消耗地下水储存量来补充。结合预测水位变化情况来看，地下水补给量较小的恰特喀勒乡、二堡乡、三堡乡的地下水开采是地下水超采的主要原因。

表 6-5 总量控制方案下地下水均衡变化 （单位：亿 m³）

年份	侧向补给、井灌回归	河流渗漏	渠系渗漏	渠灌田间渗漏、坎儿井灌溉回归	补给合计	机井开采	坎儿井流量	泉水排泄	潜水蒸发	排泄合计	储变量
2018	3.70	5.08	1.10	1.61	11.49	6.79	1.53	1.32	2.89	12.53	-1.04
2019	3.63	3.56	1.10	1.62	9.91	6.39	1.54	1.32	2.79	12.04	-2.13
2020	3.58	4.07	1.10	1.62	10.37	6.14	1.55	1.33	2.98	12.00	-1.63
2021	3.54	6.47	1.10	1.62	12.73	5.88	1.57	1.33	2.99	11.77	0.96
2022	3.49	3.58	1.10	1.63	9.80	5.63	1.58	1.34	2.98	11.53	-1.73
2023	3.44	4.09	1.10	1.63	10.26	5.37	1.60	1.35	2.80	11.12	-0.86
2024	3.44	5.67	1.10	1.63	11.84	5.11	1.62	1.35	2.65	10.73	1.11
2025	3.34	3.59	1.09	1.64	9.66	4.86	1.64	1.36	2.71	10.57	-0.91
2026	3.31	4.10	1.09	1.64	10.14	4.68	1.65	1.36	2.77	10.46	-0.32
2027	3.28	5.60	1.09	1.64	11.61	4.50	1.67	1.36	2.77	10.26	1.35
2028	3.24	3.60	1.09	1.65	9.58	4.32	1.68	1.37	2.72	10.09	-0.51
2029	3.21	4.11	1.09	1.65	10.06	4.14	1.70	1.37	2.66	9.87	0.19
2030	3.17	4.11	1.09	1.65	10.02	3.96	1.72	1.37	2.98	10.03	-0.01
平均	3.41	4.43	1.10	1.63	10.57	5.21	1.62	1.35	2.82	11.00	-0.43

6.3 总量控制方案下地下水关键生态指标变化

6.3.1 潜水蒸发量、泉流量和坎儿井流量

总量控制方案下，模型预测地下水潜水蒸散发变化与丰枯条件变化明显相

关、枯水年潜水蒸散发明显减小。为保证枯水年，特别是夏镇自然绿洲区地下水位不低于水位控制目标，应注重枯水年地下水开采量的控制。

总量控制方案下，模拟预测泉水（包括泉集河）流量和坎儿井流量均增加（图6-11～图6-13），主要是由于北盆地胜金乡，南盆地亚尔镇、葡萄镇等地地下水位回升。

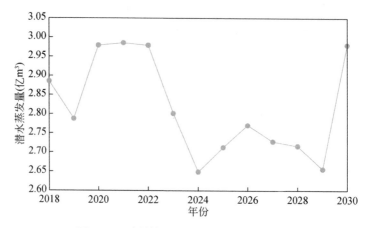

图6-11　总量控制方案下潜水蒸发量变化

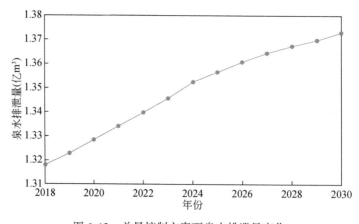

图6-12　总量控制方案下泉水排泄量变化

6.3.2　地下水生态功能区地下水位

总量控制方案下，人工绿洲区地下水位除北盆地的胜金乡、亚尔镇、辟展镇、连木沁镇和鄯善镇以及南盆地的艾丁湖镇比较稳定甚至有所上升外（C1区、

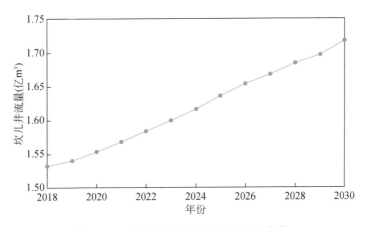

图 6-13　总量控制方案下坎儿井流量变化

C3 区和 C5 区），南盆地大部分人工绿洲区地下水位仍呈下降趋势，但下降速率逐渐减缓（C2 区和 C4 区），至 2030 年水位基本稳定，实现地下水超采平衡。托克逊人工绿洲区地下水位有上升趋势。艾丁湖以西艾丁湖镇、夏镇和郭勒布依乡自然绿洲区的 N1 区和 N2 区地下水位基本处于稳定状态。说明总量控制方案下，基本能够维持艾丁湖以西自然绿洲区现状地下水位，该地区天然植被不致出现继续退化态势。

超采区地下水在实现采补平衡之前仍处于超采状态，导致艾丁湖以北恰特喀勒乡、二堡乡和三堡乡自然绿洲区 N4 区和 N5 区的地下水位持续下降。说明总量控制方案下，逐渐减弱但仍然持续的地下水超采状态主要对艾丁湖以北的天然植被造成影响，可能会导致该地区天然植被继续退化。

6.3.3　艾丁湖入湖水量

总量控制方案主要通过节水工程、退灌减水、水源置换等工程压减地下水开采量，模型在丰水年有加大的入湖水量，特别是 2024 年和 2027 年，入湖水量达到 1.36 亿 m³ 和 1.38 亿 m³，艾丁湖面积分别为 26.48km² 和 39.59km²。平水年年均入湖水量达 0.51 亿 m³，枯水年年均入湖水量达 0.23 亿 m³，该流量在径流过程中大部分用于渗漏和蒸发损失，基本无水量流入艾丁湖积水区。2018～2030 年，年均入湖水量达 0.58 亿 m³，艾丁湖平均面积为 5.14km²（表 6-6）。

表 6-6　总量控制方案下艾丁湖面积及入湖水量

年份	湖泊面积（km²）	入湖水量（亿 m³）
2018	0.37	0.80
2019	0.17	0.20
2020	0.08	0.47
2021	0.04	0.60
2022	0.02	0.21
2023	0.01	0.49
2024	26.48	1.36
2025	0	0.24
2026	0	0.51
2027	39.59	1.38
2028	0	0.26
2029	0	0.53
2030	0	0.53
平均	5.14	0.58

6.4　总量控制方案下地下水生态效应

通过对总量控制方案下水均衡及地下水位变化模拟分析，在总量控制方案下，北盆地人工绿洲区地下水位基本处于稳定状态，南盆地高昌区和鄯善县人工绿洲区地下水位继续下降，至 2030 年地下水位基本维持不变，整体能够实现地下水采补平衡目标。南盆地鄯善县人工绿洲区地下水位继续下降，2027 年开始，下降速率逐渐减小，但未能够实现地下水采补平衡目标。

艾丁湖以西自然绿洲区地下水位基本处于稳定状态，能够维持天然植被不继续退化，但艾丁湖以北自然绿洲区地下水位继续下降，有可能造成该地区天然植被的退化。总量控制方案下，泉流量和坎儿井流量均有所增加，说明总量控制方案下泉水和坎儿井基本能够维持目前状态或有一定程度恢复。

结合第 2 章艾丁湖流域地下水开发利用与生态功能保护水位水量双控指标体系中地下水水量水位控制分区，自然绿洲区地下水埋深下限约为 10m。在总量控制方案下，模拟 2018~2030 年地下水埋深见表 6-7，自然绿洲区（N1 区、N2 区和 N3 区）地下水埋深基本处于稳定状态，该地区天然植被不致出现继续退化态势；而自然绿洲区 N4 区和 N5 区地下水埋深较深，且持续下降，该地区天然植被可能会出现持续退化，生态不可接受。总量控制方案主要通过退地减水压减地下水开采量，人工绿洲区 C5 区与自然绿洲区 N4 区和 N5 区地下水位持续下降，说明在该地区要继续退溉减水，减少地下水开采量，自然绿洲区甚至不能开采地下水。

表 6-7　总量控制方案下各地下水生态功能区 2018～2030 年地下水平均埋深

生态功能分区	水量水位双控分区	分区代码	面积（km²）	地下水埋深（m）												
				2018年	2019年	2020年	2021年	2022年	2023年	2024年	2025年	2026年	2027年	2028年	2029年	2030年
人工绿洲区	高昌区北盆地	C1	76	9.62	9.58	9.53	9.48	9.42	9.37	9.30	9.25	9.20	9.15	9.10	9.05	9.00
	高昌区南盆地	C2	992	38.27	39.12	39.87	40.52	41.09	41.57	41.96	42.28	42.55	42.76	42.91	43.00	43.04
	鄯善县北盆地	C3	437	56.53	56.50	56.46	56.38	56.28	56.17	56.04	55.91	55.78	55.64	55.51	55.36	55.22
	鄯善县南盆地	C4	478	77.21	76.98	77.75	78.53	79.51	80.04	80.91	81.44	81.39	82.09	82.67	83.37	83.72
	托克逊县	C5	714	25.87	25.93	25.81	25.68	25.58	25.33	25.06	24.86	24.57	24.30	24.09	23.82	23.58
自然绿洲区	疏叶骆驼刺草甸	N1	469	5.97	7.06	6.58	6.43	7.24	6.73	5.91	7.05	6.61	5.83	6.97	6.47	6.46
	芦苇盐生草甸+柽柳灌丛	N2	196	6.54	6.63	6.70	6.77	6.84	6.90	6.57	6.65	6.73	6.54	6.64	6.72	6.80
	柽柳灌丛+盐穗木荒漠	N3	84	7.54	7.53	7.46	7.26	7.25	7.37	6.69	7.02	7.29	6.80	7.31	7.36	7.44
	疏叶骆驼刺草甸+柽柳灌丛	N4	181	27.91	27.78	27.32	27.23	26.95	26.93	26.73	27.00	26.92	26.65	26.86	26.90	27.09
	骆驼刺盐生草甸+花花柴盐生草甸	N5	551	10.20	10.14	10.07	10.13	10.15	10.21	10.19	10.15	10.08	10.11	10.07	10.13	10.12

6.5　总量控制方案下用水量调控

总量控制方案下，艾丁湖流域地下水处于超采状态，模型模拟人工绿洲区 C1 区、C3 区和 C5 区地下水位持续回升，年均地下水储变量增加 22.30 万 m³、191.17 万 m³ 和 1290.78 万 m³，而 C2 区和 C4 区处于地下水严重超采区，年均地下水储变量减少 2468.43 万 m³ 和 4954.83 万 m³（表 6-8）。根据水利部和吐鲁番市关于确立水资源开发利用控制红线，到 2030 年艾丁湖流域将全面实现地下水采补平衡，使超采区地下水位全面稳定或回升，地下水生态环境得到明显改善。人工绿洲区 C1 区基本处于采补平衡状态，维持现状就能满足要求。C3 区和 C5 区在 2019 年达到地下水采补平衡，随后地下水储变量逐年增加，地下水位也稳步回升，而 C2 区和 C4 区地下水超采严重。从艾丁湖全流域综合考虑，人工绿洲区 C3 区和 C5 区可维持现状条件下耕地面积，配套实施节水工程，可相应增加耕地面积。C2 区和 C4 区在现状条件和总量控制方案下都处于地下水超采状态，说明控制方案下实施节水工程、退湿减水、水源置换和关停或封镇机井等措施还不够，需要进一步退耕减少地下水开采。

表 6-8　总量控制方案下生态功能区地下水储变量　（单位：万 m³）

年份	地下水储变量									
	人工绿洲区					自然绿洲区				
	C1	C2	C3	C4	C5	N1	N2	N3	N4	N5
2018	-0.65	-5557.25	-46.60	-7870.15	-135.89	24.88	198.67	-122.42	-98.12	-845.90
2019	19.27	-4644.36	66.26	-7399.67	89.40	25.62	184.21	-40.39	-85.04	-831.50
2020	23.94	-4085.33	114.44	-6955.79	483.50	26.49	134.82	112.34	-7.65	-817.41
2021	25.42	-3603.11	154.77	-6416.90	853.17	27.53	86.63	67.66	5.09	-799.41
2022	26.11	-3141.52	185.50	-5868.70	1175.56	28.69	68.18	3.42	50.71	-777.17
2023	26.58	-2691.29	210.67	-5324.72	1448.36	29.90	59.01	48.97	-7.81	-751.29
2024	30.08	-2140.50	246.57	-4664.32	1777.82	31.36	54.87	15.51	-33.00	-717.74
2025	25.38	-1829.24	246.80	-4261.00	1847.50	32.64	51.05	-4.11	-37.93	-689.31
2026	24.23	-1496.64	252.57	-3866.43	1870.30	33.54	47.63	-1.02	-40.72	-659.07
2027	23.33	-1180.92	256.96	-3490.44	1873.34	34.37	44.75	-6.01	-42.69	-628.61
2028	22.56	-873.46	260.59	-3123.90	1860.90	35.26	42.55	-4.75	-44.06	-597.42
2029	22.04	-571.38	265.69	-2763.37	1835.27	36.05	40.85	-7.82	-45.03	-565.34
2030	21.60	-274.62	270.97	-2407.42	1800.96	36.86	39.53	-7.62	-45.68	-532.21
平均	22.30	-2468.43	191.17	-4954.83	1290.78	31.01	80.98	4.14	-33.23	-708.64

从地下水储变量看，自然绿洲区 N1 区和 N2 区地下水储变量年平均增加 31.01 万 m³ 和 80.98 万 m³，N3 区基本处于地下水采补平衡状态。N1 区和 N2 区地下水接受河流渗透和地下水侧向径流补给，而 N3 区基本只能侧向补给。但从植被地下水位生态阈值角度考虑，N1 区、N2 区和 N3 区不能满足生态要求，需

进一步减少地下水开采。自然绿洲区 N4 和 N5 区地下水储变量年均减少33.23 万 m³ 和708.64 亿 m³，地下水埋深较深且逐年下降，根本不能满足生态需求，该区生态会持续恶化。

为更合理调控高昌区南盆地 C2 区、鄯善县北盆地 C4 区自然绿洲区取用水量，满足水量水位双控目标，对各区地下水位再细分讨论。高昌区南盆地包括艾丁湖镇、二堡乡、二二一团、葡萄镇、恰特喀勒乡、三堡乡、亚尔镇和原种场 8 个区域，见表 6-9，地下水埋深变化幅度较大行政乡是二堡乡、恰特喀勒乡、三堡乡和原种场，2018 ~ 2030 年地下水位分别下降了 14.61m、8.50m、9.81m 和 10.46m，该四个行政乡地下水超采严重，需要进一步退耕，减少农业地下水开采量。

表 6-9 高昌区南盆地各行政乡地下水埋深变化　　　　（单位：m）

年份	高昌区南盆地地下水埋深							
	艾丁湖镇	二堡乡	二二一团	葡萄镇	恰特喀勒乡	三堡乡	亚尔镇	原种场
2018	14.85	80.09	5.36	38.27	46.97	80.39	15.49	52.19
2019	14.79	82.33	5.40	38.77	48.39	82.19	15.41	53.86
2020	14.73	84.36	5.43	39.17	49.66	83.76	15.31	55.36
2021	14.67	86.19	5.46	39.50	50.78	85.12	15.20	56.70
2022	14.61	87.82	5.49	39.75	51.76	86.29	15.08	57.89
2023	14.54	89.27	5.52	39.92	52.61	87.29	14.96	58.93
2024	14.47	90.48	5.54	40.00	53.30	88.06	14.81	59.79
2025	14.40	91.54	5.57	40.03	53.90	88.71	14.68	60.55
2026	14.34	92.45	5.59	40.01	54.40	89.24	14.55	61.18
2027	14.27	93.22	5.61	39.94	54.80	89.66	14.42	61.71
2028	14.20	93.84	5.62	39.83	55.11	89.95	14.29	62.13
2029	14.13	94.34	5.64	39.67	55.33	90.13	14.17	62.44
2030	14.07	94.70	5.65	39.47	55.47	90.20	14.04	62.65
水位变幅	0.78	−14.61	−0.29	−1.2	−8.50	−9.81	1.45	−10.46

鄯善县南盆地包括达浪坎乡、迪坎镇、二堡乡和吐峪沟乡 4 个行政乡镇，该区现状条件和总量控制方案下，地下水埋深较深。如表 6-10 所示，2018 ~ 2030 年，鄯善县南盆地达浪坎乡、迪坎镇和二堡乡地下水位分别下降了 11.70m、2.83m 和 10.09m，吐峪沟乡地下水位上升了 3.19m，说明在总量控制方案下，鄯善县南盆地三个乡镇需要进一步退耕，减少农业地下水开采量。

表6-10　鄯善县南盆地各行政乡地下水埋深变化　（单位：m）

年份	鄯善县南盆地地下水埋深			
	达浪坎乡	迪坎镇	二堡乡	吐峪沟乡
2018	76.45	84.74	73.96	75.93
2019	78.00	85.56	76.70	74.56
2020	79.48	86.02	79.25	74.29
2021	80.86	85.69	81.58	74.18
2022	82.12	85.96	83.71	72.39
2023	83.25	85.51	83.99	72.14
2024	84.24	85.42	82.95	71.31
2025	85.12	85.17	82.21	72.06
2026	85.90	85.72	83.44	72.63
2027	86.59	86.24	83.41	71.92
2028	87.19	86.72	82.75	70.73
2029	87.71	87.17	83.47	71.80
2030	88.15	87.57	84.05	72.74
水位变幅	−11.70	−2.83	−10.09	3.19

　　自然绿洲区 N1 区包括艾丁湖镇、二二一团、郭勒布依乡、吐鲁番市直属地区和夏镇 5 个行政乡镇，该区植被生态地下水埋深下限为 9m。如表 6-11 所示，2018～2030 年，N1 区二二一团、吐鲁番市直属地区和夏镇地下水位分别下降了0.21m、1.82m 和 0.16m。总量控制方案下，二二一团地下水平均埋深为 6.37m，根据该区植被生态地下水埋深下限 9m，埋深每下降 2m 植被会发生"退变—质变—灾变"过程，说明二二一团天然植被正在由退变转为质变过程，需要减少地下水开采量。吐鲁番市直属地区地下水平均埋深为 8.86m，该区域植被正在由质变转为灾变过程，尽可能不开采地下水。夏镇地下水平均埋深为 10.74m，天然植被持续处于灾变过程，需要引起高度重视，地下水不能开采。总量控制方案下，N1 区艾丁湖镇和郭勒布依乡地下水位上升了 0.18m 和 0.52m，艾丁湖镇地下水平均埋深为 11.58m，天然植被处于灾变过程中，虽地下水埋深有所回升，但上升幅度达不到生态需要，该区域地下水也不能开采。郭勒布依乡地下水平均埋深为 8.65m，天然植被缓慢由质变到灾变过程，需尽可能不开采地下水。综合考虑自然绿洲区 N1 区地下水埋深大于植被生态地下水埋深下限，不能满足植被生态需求，该区域地下水不能开采。

表 6-11 自然绿洲区 N1 区各行政乡镇地下水埋深变化 （单位：m）

年份	自然绿洲区（N1 区）地下水埋深				
	艾丁湖镇	二二一团	郭勒布依乡	吐鲁番市直属地区	夏镇
2018	11.66	6.21	8.87	7.67	10.29
2019	11.65	6.24	8.92	8.52	11.20
2020	11.66	6.28	8.87	9.01	11.02
2021	11.62	6.34	8.81	9.35	10.44
2022	11.62	6.41	8.81	9.61	11.28
2023	11.62	6.48	8.74	9.83	10.99
2024	11.58	6.43	8.63	7.97	10.21
2025	11.57	6.43	8.63	8.80	11.11
2026	11.57	6.44	8.56	9.26	10.76
2027	11.53	6.39	8.46	7.85	10.14
2028	11.52	6.38	8.46	8.70	11.04
2029	11.51	6.39	8.40	9.17	10.64
2030	11.48	6.42	8.35	9.49	10.45
平均埋深	11.58	6.37	8.65	8.86	10.74
水位变幅	0.18	-0.21	0.52	-1.82	-0.16

　　总量控制方案下，自然绿洲区 N2 区所属吐鲁番市直属地区，位于艾丁湖湖区周边，地下水基本处于采补平衡状态，地下水位下降了 0.26m，地下水平均埋深为 6.69m，该区天然植被生态地下水埋深下限为 5m，天然植被整体上处于灾变过程。从区域地下水埋深等值线看，N2 区中位于艾丁湖湖区附近地下水埋深较浅，小于 5m，植被以芦苇盐生草甸和柽柳灌丛为主，能满足生态需要。N2 区靠近 N1 区域平均地下水埋深达到 10m，不能满足植被生态需求，植被灾变情况严重，不能开采地下水。自然绿洲区 N3 区所属恰特喀勒乡，地下水位下降了 1.29m，地下水平均埋深为 11.42m，该区天然植被生态地下水埋深下限为 5m，天然植被整体上处于灾变过程。从区域地下水埋深等值线看，N3 区邻近艾丁湖湖区约 5km² 地下水埋深在 4 ~ 5m，天然植被正在由质变转为灾变过程。N3 其他区域地下水平均埋深为 11.62m，天然植被处于严重灾变过程。自然绿洲区 N4 区所属二堡乡、恰特喀勒乡和三堡乡，天然植被生态地下水埋深下限为 8m，地下

水埋深由南至北逐渐加深,在 10~90m,邻近人工绿洲区 C2 区和 C4 区,地下水长期处于超采状态,植被一直处于灾变过程,由南至北灾变情况也逐渐加重,该区除了不能开采地下水,还应加强地下水补给量。类似于 N4 区,自然绿洲区 N5 区所属迪坎镇和鄯善县直属地区,地下水平均埋深达 37.98m,鄯善县直属地区地下水埋深较迪坎镇埋深浅,平均埋深为 35.79m 和 57.22m,天然植被生态地下水埋深下限为 8m。从区域地下水埋深等值线看,鄯善县直属地区紧邻 N2 区,地下水平均埋深为 4.79m,天然植被生长状态良好,小部分区域植被发生退变,该区域维持总量控制方案。N5 区大部分地下水埋深大于生态水位下限,植被处于灾变过程,且由南至北灾变情况逐渐严重,该区除了不能开采地下水,还应加强地下水补给量。

6.6 本章小结

基于《吐鲁番市用水总量控制实施方案》(2018 年 9 月)和《吐鲁番市地下水超采区治理方案》(2018 年 9 月),超采区地下水可供水量控制指标与总量控制指标一致,现状地下水供水量为 7.87 亿 m^3,2020 年吐鲁番市地下水可供水量控制指标为 61 928 万 m^3,2025 年控制指标为 49 198 万 m^3,2030 年控制指标为 40 299 万 m^3。以 2017 年为起始年,对 2018~2030 年的地下水动态变化以及关键生态指示指标进行模拟。地下水位上升区主要分布在亚尔镇和葡萄镇的部分区域、胜金乡大部分的地带,地下水位下降区主要分布在火焰山二堡乡、三堡乡和恰特喀勒乡的大部分区域和亚尔镇西部(亚尔郭勒村一带)的范围内。高昌区恰特喀勒乡、二堡乡、三堡乡,鄯善县迪坎镇、达浪坎乡、鲁克沁镇、吐峪沟乡的地下水位虽然下降速率逐渐减小,但地下水位仍呈下降趋势,导致其下游自然绿洲区,主要是艾丁湖以北恰特喀勒乡、二堡乡、三堡乡的自然绿洲区水位继续下降。艾丁湖以西艾丁湖镇、夏镇、郭勒布依乡自然绿洲区地下水位整体平稳,但其上游夏镇人工绿洲区地下水位在总量控制方案下呈回升趋势,说明夏镇自然绿洲区地下水位主要受河流渗漏量影响。总量控制方案下,模拟预测泉水(包括泉集河)流量和坎儿井流量均增加,主要是由于北盆地胜金乡、南盆地亚尔镇、葡萄镇等地地下水位回升。2018~2030 年,年均入湖水量达 0.58 亿 m^3,艾丁湖平均面积为 5.14km^2,说明总量方案控制下,能满足艾丁湖生态需水量。

总量控制方案下,艾丁湖流域地下水处于超采状态,模型模拟人工绿洲区 C1 区、C3 区和 C5 区地下水位持续回升,年均地下水储变量增加 22.30 万 m^3、191.17 万 m^3 和 1290.78 万 m^3,而 C2 区和 C4 区处于地下水严重超采区,年均地下水储变量减少 2468.43 万 m^3 和 4954.83 万 m^3。从地下水储变量看,自然绿洲区 N1 区和 N2 区地下水储变量年平均增加 31.01 万 m³ 和 80.98 万 m³, N3 区基本处于地下水采补平衡状态。N1 和 N2 区地下水接受河流渗透和地下水侧向径流补给, 而 N3 区基本只能侧向补给。但从植被地下水位生态阈值角度考虑, N1、N2 和 N3 区不能满足生态要求, 需进一步减少地下水开采。自然绿洲区 N4 区和 N5 区地下水储变量年均减少 33.23 万 m³ 和 708.64 万 m³, 地下水埋深较深且逐年下降, 根本不能满足生态需求, 该区生态会持续恶化。

第7章 | 水资源合理开发及调控方案分析

7.1 地下水水量水位控制目标

水量水位双控通常是对行政区内的地下水开发利用量和地下水位设定管理指标，保障社会和生态系统的可持续发展。对于艾丁湖流域生态而言，地表水地下水转化频繁，维持生态系统平衡的地下水位与生态系统分布与水循环过程息息相关。

艾丁湖以西自然绿洲区现状地下水位与骆驼刺生态水位接近，在总量控制方案下水位基本保持稳定，艾丁湖镇、夏镇、郭勒布依乡自然绿洲区的生态控制水位应不低于现状（2017年）水位，水位控制目标为水位埋深下限不低于5~9m（表7-1）。在总量控制方案下，艾丁湖镇和郭勒布依乡自然绿洲区地下水位基本能保证其控制目标，但夏镇在枯水年地下水位会低于控制目标，其主要原因是白杨河渗漏减少。人工绿洲区水位下限主要根据地下水采补平衡时预测的水位进行控制（表7-1），对地下水位的控制需要通过地下水开采量和地表水引水量进行控制。

表7-1 人工绿洲区和自然绿洲区地下水水量和水位控制下限

生态功能区	水量水位双控分区	分区代码	乡镇	地下水开采量控制目标（亿m³）	水位控制目标下限（埋深，m）
人工绿洲区	高昌区北盆地	C1	胜金乡	0.154	16
	高昌区南盆地	C2	艾丁湖镇	0.101	42
			恰特喀勒乡	0.386	
			三堡乡	0.347	
			二堡乡	0.180	
			葡萄镇	0.064	
			亚尔镇	0.272	
			原种场	0.031	

生态功能区	水量水位双控分区	分区代码	乡镇	地下水开采量控制目标（亿 m³）	水位控制目标下限（埋深，m）
人工绿洲区	鄯善县北盆地	C3	吐峪沟乡北盆	0.046	55
			连木沁镇	0.086	
			园艺场	0.010	
			辟展镇	0.041	
			鄯善镇	0.041	
	鄯善县南盆地	C4	迪坎镇	0.185	120
			吐峪沟乡南盆	0.432	
			鲁克沁镇	0.366	
			达浪坎乡	0.347	
	托克逊	C5	托克逊镇	0.001	
			夏镇	0.286	
			伊拉湖镇	0.088	
			博斯坦乡	0.160	
			郭勒布依乡	0.237	
自然绿洲区	疏叶骆驼刺草甸	N1	—	—	9
	芦苇盐生草甸+柽柳灌丛	N2	—	—	5
	柽柳灌丛+盐穗木荒漠	N3	—	—	5
	疏叶骆驼刺草甸+柽柳灌丛	N4	—	—	8
	骆驼刺盐生草甸+花花柴盐生草甸	N5	—	—	8

注：无外调水，人工绿洲区水位控制为采补平衡水位埋深。

7.2　水资源合理开发方案

7.2.1　艾丁湖流域水资源开发利用原则

在气候变化和人类活动双重作用造成水循环已经发生剧烈变化的背景下，艾丁湖流域地下水的合理开发利用一方面要坚持"节水优先和退地优先"的原则，在"三条红线"地下水开采量控制目标下，落实灌溉面积退减和地下水压采目标，采取高效节水、退地减水等措施，减少地下水开采，在人工绿洲区实现采补平衡，在自然绿洲区保证地下水位生态需求；另一方面，充分发挥地表水-地下水联合利用优势，在有外调水情况下，优先供给生活和工业用水，置换农业用水，在实现超采区采补平衡目标的基础上，通过提升人工绿洲区地下水位，使下游自然绿洲区地下水位得到一定程度恢复。

7.2.2　人工绿洲区减采地下水方案

1. 绿洲区地下水储变量

第 6 章已经分析总量控制方案地下水生态功能区地下水位和地下水生态效应，人工绿洲区（C2 区和 C4 区）未实现采补平衡，自然绿洲区地下水位不能满足生态效应。表 6-8 显示，各功能区地下水储变量变化情况，人工绿洲区 C2 区平均储变量减少 2468.43 万 m³，C4 区平均储变量减少 4954.83 万 m³，要实现采补平衡，需减少地下水开采量，使地下水储变量维持在 0 状态，预测在 2050 年实现采补平衡。N1、N2 和 N3 区在总量控制方案下基本实现采补平衡，但不能满足植被生态需求，大部分地区植被继续处于灾变或者处于质变到灾变的过程。自然绿洲区要保障地下水位恢复满足植被生态需求，需进一步确定自然绿洲区生态需水量。

2. 自然绿洲区植被缺水量

按照艾丁湖流域地下水水量水位控制目标，人工绿洲区缺水量是该区域地下水超采量，自然绿洲区植被缺水量是水位恢复到控制目标下限。根据模型计算总量控制方案下绿洲区地下水储变量（表 6-8），人工绿洲区需水量为 6.42 亿 m³。自然绿洲区地下水储变量可根据式（7-1）计算：

$$Q_{储变量} = \mu F(H_n - H_1)/n \tag{7-1}$$

式中，H_1 为起始年份（第 1 年）的地下水位（m）；H_n 为第 n 年的地下水位（m）；μ 为给水度；F 为计算面积（km²）。

如表 7-2 所示，控制方案按起始年为 2022 年，到 2030 年植被缺水量为 1.65 亿 m³，到 2050 年植被缺水量为 0.48 亿 m³。

3. 人工绿洲区耕地减少到耕地红线

第 6 章高昌区和鄯善县的退溉减水方案中，模拟计算到 2030 年人工绿洲区

（C2 和 C4 区）达到采补平衡，地下水位继续上升，满足该区的生态需求。但自然绿洲区的地下水位未能达到生态水位下限，天然植被处于退变–质变–灾变中。高昌区和鄯善县南盆地是自然绿洲区地下水侧向补给区，需继续退溉减水，增大自然绿洲区地下水的补给来源。

表 7-2　自然绿洲区植被缺水量

区号	面积 （km²）	给水度	2022 年 地下水位（m）	生态下 限水位（m）	2030 年缺水量 （亿 m³）	2050 年缺水量 （亿 m³）
N1	469	0.07	10.55	9.00	0.06	0.02
N2	196	0.05	6.84	5.00	0.02	0.01
N3	84	0.05	11.38	5.00	0.03	0.01
N4	181	0.05	37.23	8.00	0.33	0.09
N5	551	0.06	37.32	8.00	1.21	0.35
合计					1.65	0.48

1）退耕到耕地红线方案

按照吐鲁番市规划方案，到 2030 年灌溉面积达到 12.73 万亩，其中高昌区为 47.97 万亩，鄯善县为 25.18 万亩，托克逊县为 39.58 万亩（表 7-3）。设定人工绿洲区 C2 区和 C4 区从 2022 年继续退耕到红线耕地面积（表 7-4），退减后地下水开采量分别为 1.67 亿 m³、1.41 亿 m³ 和 1.22 亿 m³。

表 7-3　人工绿洲区退耕减少方案

人工绿洲区	原灌溉面积 （万亩）	原地下水开采量 （亿 m³）	退减后灌溉面积 （万亩）	退减后地下水开 采量（亿 m³）
高昌区（C2 区）	58.93	2.05	47.97	1.67
鄯善县（C4 区）	30.28	1.86	25.18	1.41
托克逊县（C5 区）	47.77	1.47	39.58	1.22

表 7-4　退耕红线地下水用水总量控制指标　　（单位：万 m³）

县城、团场	2018 年	2019 年	2020 年	2022 年	2025 年	2030 年
高昌区	26 321	24 409	23 435	21 200	18 682	15 370
鄯善县	24 910	23 737	22 995	20 737	18 101	15 044
托克逊县	16 359	15 513	14 698	12 778	10 315	7 685
预留	600	700	800	840	900	1 000
小计	68 190	64 359	61 928	55 635	47 998	39 099

县城、团场	2018 年	2019 年	2020 年	2022 年	2025 年	2030 年
二二一团	272	272	273	279	287	300
合计	68 462	64 631	62 201	55 914	48 285	39 399

模型模拟绿洲区地下水埋深变化如表 7-5 所示，人工绿洲区至 2030 年地下水埋深继续上升，达到采补平衡。自然绿洲区 N1 区至 2030 年地下水埋深为 6.30m，至 2040 年地下水埋深为 6.08m，至 2050 年地下水埋深为 6.03m。N1 区地下水埋深控制目标为 9m，至 2030 年地下水埋深满足植被生态需求占全区面积的 68%，至 2040 年占全区面积的 71%，至 2050 年占全区面积的 72%（表7-6）。自然绿洲区 N2 区至 2030 年地下水埋深为 6.77m，至 2040 年地下水埋深为 6.37m，至 2050 年地下水埋深为 6.00m。N2 区地下水埋深控制目标为 5m，至 2030 年地下水埋深满足植被生态需求占全区面积的 37%，至 2040 年占全区面积的 39%，至 2050 年占全区面积的 45%。N1 和 N2 区地下水能接受地表河渠的渗漏补给，丰枯水文年对其地下水埋深有一定影响。N3 区至 2030 年地下水埋深 7.27m，至 2040 年地下水埋深为 7.56m，至 2050 年地下水埋深为 7.77m。N3 区地下水埋深控制目标为 5m，至 2030 年地下水埋深满足植被生态需求占全区面积的 28%。N4 区地下水历史埋深较深，人工绿洲区退耕减少到耕地红线后，2030 年地下水埋深为 27.76m，至 2050 年地下水埋深为 29.49m，地下水位处于轻微下降过程。N4 区地下水埋深控制目标为 8m，至 2030 年，地下水埋深满足植被生态需求占全区面积的 15%，至 2050 年占全区面积的 14%。同样，N5 区地下水历史埋深较深，至 2030 年地下水埋深为 8.21m，至 2050 年地下水埋深为 8.35m。N5 区地下水埋深控制目标为 8m，至 2030 年地下水埋深满足植被生态需求占全区面积的 43%，至 2040 年占全区面积的 45%，至 2050 年占全区面积的 47%。

表 7-5　绿洲区 2018～2050 年地下水平均埋深　　　（单位：m）

年份	地下水埋深									
	人工绿洲区					自然绿洲区				
	C1	C2	C3	C4	C5	N1	N2	N3	N4	N5
2018	9.62	38.24	56.53	77.17	25.82	6.19	6.65	7.53	27.92	8.28
2019	9.58	39.05	56.50	76.89	25.91	6.22	6.72	7.51	27.97	8.24
2020	9.53	39.74	56.45	77.58	25.76	6.64	6.79	7.62	27.48	8.19
2021	9.48	40.34	56.37	78.27	25.62	6.49	6.85	7.55	27.78	8.19

年份	地下水埋深									
	人工绿洲区					自然绿洲区				
	C1	C2	C3	C4	C5	N1	N2	N3	N4	N5
2022	9.42	40.30	56.27	78.62	25.35	6.12	6.91	7.55	27.36	8.16
2023	9.37	40.19	56.16	78.54	24.91	6.70	6.96	7.54	27.47	8.17
2024	9.30	40.00	56.03	78.81	24.52	5.56	6.56	6.65	27.56	8.21
2025	9.25	39.81	55.90	78.81	24.27	6.00	6.65	7.23	27.63	8.21
2026	9.19	39.58	55.77	78.23	23.89	6.43	6.72	7.46	27.54	8.20
2027	9.14	39.34	55.63	78.46	23.58	5.56	6.52	6.45	27.72	8.22
2028	9.10	39.07	55.49	78.60	23.38	6.91	6.62	6.95	27.75	8.19
2029	9.05	38.78	55.35	78.89	23.08	6.31	6.7	7.32	27.76	8.23
2030	9.00	38.47	55.21	78.87	22.84	6.30	6.77	7.27	27.76	8.21
2031	8.97	38.16	55.08	79.05	22.64	6.26	6.84	7.38	27.89	8.23
2032	8.94	37.87	54.96	79.19	22.48	6.25	6.89	7.47	28.01	8.26
2033	8.93	37.60	54.85	79.31	22.35	6.24	6.95	7.56	28.12	8.28
2034	8.92	37.33	54.75	79.41	22.24	6.22	6.51	7.64	28.08	8.22
2035	8.91	37.08	54.66	79.32	22.14	6.20	6.49	7.71	28.17	8.24
2036	8.90	36.83	54.58	79.41	22.06	6.18	6.47	7.77	28.11	8.27
2037	8.90	36.60	54.50	79.49	21.99	6.16	6.45	7.83	28.33	8.25
2038	8.89	36.37	54.43	79.38	21.93	6.11	6.42	7.76	28.40	8.27
2039	8.89	36.15	54.36	79.27	21.88	6.08	6.40	7.67	28.17	8.29
2040	8.89	35.94	54.30	79.15	21.83	6.08	6.37	7.56	28.37	8.31
2041	8.89	35.73	54.24	79.04	21.79	6.05	6.34	7.59	28.41	8.33
2042	8.89	35.53	54.19	79.11	21.75	6.07	6.31	7.61	28.59	8.35
2043	8.88	35.34	54.14	78.99	21.71	6.28	6.28	7.76	29.04	8.37
2044	8.88	35.16	54.09	78.87	21.68	6.04	6.25	7.77	29.07	8.39
2045	8.88	34.97	54.04	78.74	21.65	6.03	6.21	7.78	29.08	8.37
2046	8.88	34.79	54.00	79.35	21.62	6.03	6.18	7.90	29.09	8.35
2047	8.87	34.62	53.97	79.40	21.60	6.03	6.11	7.90	29.23	8.37
2048	8.87	34.45	53.93	79.27	21.57	6.03	6.05	7.90	29.24	8.39
2049	8.87	34.28	53.90	79.15	21.55	6.03	6.05	7.78	29.36	8.40
2050	8.87	34.12	53.86	79.36	21.53	6.03	6.00	7.77	29.49	8.35

表 7-6　自然绿洲区植被生态满足率　　　　　　（单位：%）

年份	自然绿洲区				
	N1	N2	N3	N4	N5
2030	68	37	28	15	43
2040	71	39	28	15	45
2050	72	45	28	14	47

2）退耕到红线耕地 70% 方案

前文设定人工绿洲区耕地面积减少到耕地红线，模拟计算人工绿洲区和自然绿洲区地下水位未能满足生态需求。为了进一步满足绿洲区生态缺水需求，设定人工绿洲区耕地继续减少到耕地红线的 70%（表 7-7 和表 7-8），退减后地下水开采量分别为 1.17 亿 m³、0.95 亿 m³ 和 0.85 亿 m³。

表 7-7　人工绿洲区退耕减少方案

人工绿洲区	原灌溉面积（万亩）	原地下水开采量（亿 m³）	退减后灌溉面积（万亩）	退减后地下水开采量（亿 m³）
高昌区（C2 区）	58.93	2.05	33.58	1.17
鄯善县（C4 区）	30.28	1.86	15.53	0.95
托克逊县（C5 区）	47.77	1.47	27.71	0.85

表 7-8　退耕红线 70% 地下水用水总量控制指标　　　　（单位：万 m³）

县城、团场	2018 年	2019 年	2020 年	2022 年	2025 年	2030 年
高昌区	26 321	24 409	23 435	20 725	18 126	14 814
鄯善县	24 910	23 737	22 995	20 226	17 590	14 533
托克逊县	16 359	15 513	14 698	12 367	9 904	7 274
预留	600	700	800	840	900	1 000
小计	68 190	64 359	61 928	54 158	46 520	37 621
二二一团	272	272	273	279	287	300
合计	68 462	64 631	62 201	54 437	46 807	37 921

模型模拟绿洲区地下水埋深变化见表 7-9，人工绿洲区至 2030 年地下水埋深继续上升，达到采补平衡。自然绿洲区 N1 区至 2030 年地下水埋深为 6.21m，至 2050 年地下水埋深为 5.83m。N1 区地下水埋深控制目标为 9m，至 2030 年地下水埋深满足植被生态需求占全区面积的 73%，至 2040 年占全区面积的 75%，至

2050 年占全区面积的 76%（表 7-10）。N2 区至 2030 年地下水埋深为 6.68m，至 2050 年地下水上升了 0.88m，地下水位回升速度缓慢。N2 区地下水埋深控制目标为 5m，至 2030 年地下水埋深满足植被生态需求占全区面积的 37%，至 2040 年占全区面积的 39%，至 2050 年占全区面积的 45%。相比较于人工绿洲区退耕到耕地红线，再退到耕地红线 70%，N1 区地下水埋深满足生态需求占全区面积有所增长，N1 区地下水还可接受人工绿洲区 C5 区地下水侧向径流补给。N3 区至 2030 年地下水埋深为 7.32m，至 2050 年地下水埋深为 7.57m。N3 区地下水埋深控制目标为 5m，地下水埋深满足植被生态需求占全区面积的 28%。N4 区地下水历史埋深较深，人工绿洲区退耕减少到耕地红线后，2030 年地下水埋深为 28.29m，至 2050 年地下水埋深为 28.98m，地下水位处于上升过程，说明人工绿洲区 C2 区和 C4 区再退耕会增加该区地下水的侧向径流补给。N4 区地下水埋深控制目标为 8m，至 2030 年地下水埋深满足植被生态需求占全区面积的 15%，至 2050 年占全区面积的 14%。同样地，N5 区至 2030 年地下水埋深为 8.25m，至 2050 年地下水埋深为 8.31m。N5 区地下水埋深控制目标为 8m，至 2030 年地下水埋深满足植被生态需求占全区面积的 45%，至 2040 年占全区面积的 46%，至 2050 年占全区面积的 47%，与人工绿洲区退耕到耕地红线基本一致。

表 7-9　绿洲区 2018～2050 年地下水平均埋深　　　　（单位：m）

年份	地下水埋深									
	人工绿洲区					自然绿洲区				
	C1	C2	C3	C4	C5	N1	N2	N3	N4	N5
2018	9.62	38.27	56.53	77.17	25.87	6.19	6.65	7.53	27.92	8.28
2019	9.58	39.12	56.50	76.89	25.93	6.22	6.72	7.51	27.97	8.24
2020	9.53	39.87	56.46	77.58	25.81	6.64	6.79	7.62	27.48	8.19
2021	9.48	40.52	56.38	78.27	25.68	6.49	6.85	7.55	27.78	8.19
2022	9.42	40.72	56.28	78.79	25.58	6.12	6.91	7.55	27.34	8.16
2023	9.37	40.81	56.17	78.70	25.33	6.50	6.76	7.54	27.41	8.16
2024	9.30	40.79	56.04	79.06	25.06	5.56	6.56	6.65	27.59	8.21
2025	8.85	39.59	55.56	78.72	24.86	5.90	6.55	7.24	27.46	8.20
2026	8.58	38.31	55.15	78.47	24.57	6.23	6.52	7.48	27.44	8.19
2027	8.38	37.01	54.79	78.49	24.30	5.48	6.44	6.31	27.55	8.21
2028	8.25	35.69	54.45	78.57	24.09	6.71	6.42	6.97	27.63	8.24
2029	8.17	34.37	54.14	78.29	24.03	6.16	6.55	7.35	27.84	8.23

续表

年份	地下水埋深									
	人工绿洲区					自然绿洲区				
	C1	C2	C3	C4	C5	N1	N2	N3	N4	N5
2030	8.11	33.04	53.85	78.24	23.93	6.21	6.68	7.32	28.29	8.25
2031	8.08	31.76	53.58	78.02	23.82	6.06	6.64	7.43	28.58	8.22
2032	8.06	30.51	53.34	78.40	23.73	6.05	6.69	7.54	28.57	8.20
2033	8.05	29.31	53.11	78.11	23.64	6.04	6.75	7.64	28.55	8.21
2034	8.04	28.15	52.90	77.82	23.57	6.02	6.31	7.73	28.52	8.22
2035	8.03	27.02	52.70	77.65	23.50	6.00	6.29	7.82	28.61	8.23
2036	8.03	25.92	52.52	77.35	23.43	5.98	6.27	7.79	28.67	8.24
2037	8.03	24.87	52.36	77.28	23.38	5.96	6.25	7.74	28.97	8.24
2038	8.02	23.86	52.20	76.87	23.33	5.91	6.22	7.67	29.13	8.25
2039	8.02	22.88	52.05	76.68	23.28	5.88	6.2	7.72	29.14	8.25
2040	8.02	21.95	51.92	76.81	23.24	5.88	6.17	7.77	29.26	8.29
2041	8.02	21.05	51.79	76.60	23.20	5.85	6.14	7.82	29.12	8.33
2042	8.02	20.18	51.67	76.30	23.17	5.87	6.11	7.87	29.10	8.33
2043	8.02	19.34	51.56	76.01	23.14	5.85	6.08	7.91	29.18	8.33
2044	8.01	18.53	51.46	75.72	23.11	5.84	6.05	7.68	29.26	8.34
2045	8.01	17.75	51.37	75.54	23.09	5.83	6.01	7.72	29.43	8.34
2046	8.01	17.00	51.28	75.44	23.06	5.83	5.98	7.77	29.35	8.33
2047	8.01	16.28	51.20	75.25	23.04	5.83	5.94	7.65	29.27	8.33
2048	8.01	15.60	51.13	74.97	23.02	5.83	5.85	7.68	29.18	8.32
2049	8.01	14.96	51.06	74.88	23.00	5.83	5.85	7.71	29.08	8.32
2050	8.00	14.38	50.99	74.59	22.98	5.83	5.80	7.57	28.98	8.31

表 7-10　自然绿洲区植被生态满足率　　　　（单位:%）

年份	自然绿洲区				
	N1	N2	N3	N4	N5
2030	73	37	28	15	45
2040	75	39	28	15	46
2050	76	45	28	14	47

7.2.3 外调水方案

1) 外调水量

跨流域调水工程是解决艾丁湖流域生态用水、经济发展用水的重要措施，根据《吐鲁番地区重大能源、产业布局用水初步规划方案》（2013年），2030年吐鲁番市需外调水量5.86亿 m^3。《艾丁湖生态保护治理规划》（2018年）提出，到2025年，吐鲁番市需外调水2.79亿 m^3（表7-11和表7-12）。因跨流域调水工程供水成本较高，农业用水无力负担此水价，规划外调水优先用于工业和城镇生活。在托克逊县，根据当地水资源禀赋条件，可考虑优先采用当地水资源，置换外调水供鄯善县和高昌区用水。外调水方案中主要是通过外调水置换地下水减少地下水开采量。

表 7-11　外调水地下水用水总量控制指标　　（单位：万 m^3）

县城、团场	2018 年	2022 年	2025 年	2026 年	2027 年	2028 年	2029 年	2030 年
高昌区	26 321	21 703	4 968	4 319	3 670	3 023	2 376	1 732
鄯善县	24 910	21 237	4 837	4 213	3 587	2 961	2 333	1 704
托克逊县	16 359	13 056	10 593	10 067	9 541	9 015	8 489	7 963
预留	600	840	900	920	940	960	980	1000
小计	68 190	56 836	21 298	19 519	17 738	15 959	14 178	12 399
二二一团	272	279	287	290	292	295	297	300
合计	68 462	57 115	21 585	19 809	18 030	16 254	14 475	12 699

表 7-12　外调水艾丁湖流域需外调水的耕地面积　　（单位：万亩）

年份	托克逊县	高昌区	鄯善县	吐鲁番市
2018	49.96	65.24	60.64	175.84
2019	49.06	63.84	59.44	172.34
2020	48.18	63.44	58.80	170.42
2021	47.05	62.04	57.50	166.59
2022	45.92	60.64	56.20	162.76
2023	44.93	59.34	55.00	159.27
2024	43.94	58.04	53.80	155.78
2025	43.08	56.84	52.70	152.62

续表

年份	托克逊县	高昌区	鄯善县	吐鲁番市
2026	42.11	55.64	51.60	149.35
2027	41.24	54.54	50.60	146.38
2028	40.37	53.44	49.60	143.41
2029	39.87	52.44	48.70	140.01
2030	39.58	51.64	48.20	139.42

2）外调水方案下地下水均衡及地下水流场

外调水方案下，河流径流量维持多年平均径流量条件下，2025 年实施外调水（2.79 亿 m³）后地下水储量开始增加，2025～2030 年地下水年均储存量为 1.65 亿 m³，2018～2030 年总体上实现地下水采补平衡（表7-13、图7-1～图7-4）。

表 7-13　外调水方案下地下水均衡　　　　（单位：亿 m³）

年份	侧向补给、井灌回归	河流渗漏	渠系渗漏	渠灌田间渗漏、坎儿井灌溉回归	补给合计	机井开采	坎儿井流量	泉水排泄	潜水蒸发	排泄合计	储变量
2018	3.70	5.08	1.06	1.40	11.24	6.79	1.52	1.32	2.57	12.20	−0.96
2019	3.63	3.56	1.06	1.40	9.65	6.39	1.53	1.32	2.53	11.77	−2.12
2020	3.58	4.07	1.06	1.40	10.11	6.14	1.54	1.33	2.57	11.58	−1.47
2021	3.54	6.47	1.06	1.40	12.47	5.88	1.55	1.33	2.56	11.32	1.15
2022	3.49	3.58	1.06	1.41	9.54	5.63	1.56	1.34	2.56	11.09	−1.55
2023	3.44	4.09	1.06	1.41	10.00	5.37	1.58	1.35	2.55	10.85	−0.85
2024	3.44	5.67	1.06	1.41	11.58	5.11	1.59	1.35	2.56	10.61	0.97
2025	2.82	3.63	1.05	1.43	8.93	2.07	1.67	1.40	2.58	7.72	1.21
2026	2.78	4.15	1.05	1.44	9.42	1.89	1.73	1.42	2.63	7.67	1.75
2027	2.75	5.66	1.05	1.45	10.91	1.71	1.78	1.43	2.68	7.60	3.31
2028	2.71	3.67	1.05	1.45	8.88	1.53	1.81	1.44	2.67	7.45	1.43
2029	2.68	4.52	1.05	1.46	9.71	1.35	1.84	1.45	2.72	7.36	2.35
2030	2.65	4.42	1.05	1.47	9.59	1.17	1.87	1.45	2.79	7.28	2.31
平均	3.17	4.51	1.06	1.43	10.16	3.93	1.66	1.38	2.61	9.58	0.58

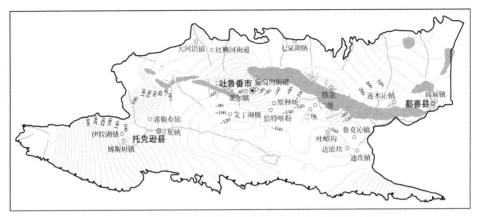

图 7-1　外调水方案下艾丁湖流域模拟 2018 年地下水位（单位：m）

图 7-2　外调水方案下艾丁湖流域模拟 2020 年地下水位（单位：m）

图 7-3　外调水方案下艾丁湖流域模拟 2025 年地下水位（单位：m）

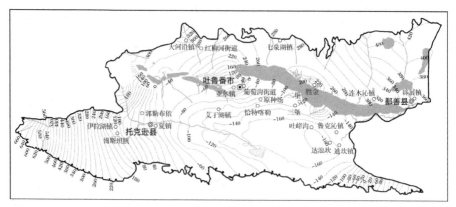

图 7-4　外调水方案下艾丁湖流域模拟 2030 年地下水位（单位：m）

3）外调水方案下关键生态指标

外调水方案下，模拟预测泉水（包括泉集河）流量和坎儿井流量在 2025 年实施外调水后都明显增大，多年平均的泉水流量和坎儿井流量较总量控制方案下均有所增加。坎儿井出水量至 2030 年可恢复至约 2 亿 m³，已经接近 20 世纪 90 年代的坎儿井流量（图 7-5 和图 7-6）。

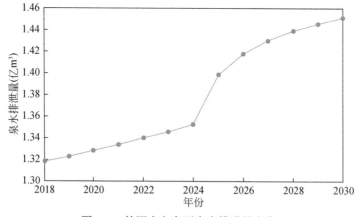

图 7-5　外调水方案下泉水排泄量变化

4）外调水方案下地下水生态功能区地下水位

外调水方案下，主要置换外调水供鄯善县和高昌区用水，自 2025 年调水开始，模型模拟人工绿洲区 C2 区和 C4 区地下水位持续回升，C2 区至 2030 年地下水位上升了 6.55m，C4 区至 2030 年基本达到采补平衡（表 7-14）。C2 区和 C4 区至 2040 年地下水位回升了 17.64m 和 8.78m，至 2050 年地下水位回升了 25.21m 和 19.67m，该地区通过调水置换地下水，地下水位恢复效果明显。人工

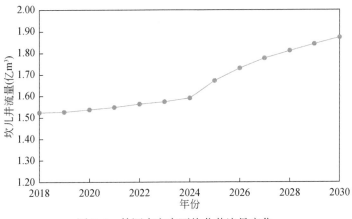

图 7-6 外调水方案下坎儿井流量变化

绿洲区 C1 区、C3 区和 C5 区在总量控制方案下处于采补平衡状态，用于置换地下水量较少，地下水位回升幅度较 C2 区小，至 2030 年地下水位回升了 0.74m、1.71m 和 0.93m，至 2040 年地下水位回升了 0.83m、3.64m 和 1.62m，至 2050 年地下水位回升了 0.85m、4.57m 和 1.88m。

表 7-14　绿洲区 2018 ~ 2050 年地下水平均埋深 　　　（单位：m）

年份	地下水埋深									
	人工绿洲区					自然绿洲区				
	C1	C2	C3	C4	C5	N1	N2	N3	N4	N5
2018	9.62	38.27	56.53	76.92	25.87	6.22	6.54	7.53	27.91	8.49
2019	9.58	39.12	56.50	77.02	25.93	5.89	6.63	7.51	27.78	8.51
2020	9.53	39.87	56.46	77.72	25.81	5.83	6.70	7.62	27.32	8.54
2021	9.48	40.52	56.38	78.18	25.68	5.80	6.77	7.54	27.23	8.58
2022	9.42	40.72	56.28	78.28	25.58	5.81	6.84	7.54	26.92	8.54
2023	9.37	40.81	56.17	78.51	25.33	5.83	6.90	7.54	26.86	8.56
2024	9.30	40.79	56.04	78.92	25.06	5.83	6.56	7.01	26.76	8.54
2025	8.85	39.59	55.56	78.30	24.86	5.80	6.65	7.30	27.30	8.58
2026	8.58	38.31	55.15	77.90	24.57	5.78	6.72	7.41	27.46	8.50
2027	8.38	37.01	54.79	77.83	24.30	5.75	6.53	6.92	27.56	8.44
2028	8.25	35.69	54.45	77.30	24.09	5.75	6.63	7.11	27.76	8.41

年份	地下水埋深									
	人工绿洲区					自然绿洲区				
	C1	C2	C3	C4	C5	N1	N2	N3	N4	N5
2029	8.17	34.37	54.14	77.12	24.03	5.73	6.53	6.68	28.19	8.32
2030	8.11	33.04	53.85	77.05	23.93	5.73	6.52	6.60	28.27	8.32
2031	8.08	31.76	53.58	76.70	23.82	5.74	6.51	6.56	28.44	8.33
2032	8.06	30.51	53.34	75.94	23.73	5.74	6.50	6.68	28.96	8.31
2033	8.05	29.31	53.11	75.30	23.64	5.73	6.49	6.66	29.13	8.32
2034	8.04	28.15	52.90	75.41	23.57	5.74	6.48	6.77	29.36	8.34
2035	8.03	27.02	52.70	74.48	23.50	5.77	6.48	6.73	29.30	8.35
2036	8.03	25.92	52.52	73.65	23.43	5.76	6.47	6.70	29.77	8.33
2037	8.03	24.87	52.36	72.61	23.38	5.77	6.47	6.79	30.01	8.31
2038	8.02	23.86	52.20	71.98	23.33	5.75	6.46	6.75	29.96	8.29
2039	8.02	22.88	52.05	70.92	23.28	5.74	6.46	6.70	29.87	8.31
2040	8.02	21.95	51.92	69.72	23.24	5.76	6.45	6.78	29.73	8.29
2041	8.02	21.05	51.79	68.27	23.20	5.77	6.45	6.73	29.65	8.26
2042	8.02	20.18	51.67	67.02	23.17	5.76	6.45	6.68	29.42	8.24
2043	8.02	19.34	51.56	66.06	23.14	5.75	6.44	6.62	29.06	8.22
2044	8.01	18.53	51.46	64.82	23.11	5.75	6.44	6.81	28.88	8.26
2045	8.01	17.75	51.37	63.69	23.09	5.78	6.44	6.86	28.46	8.27
2046	8.01	17.00	51.28	62.52	23.06	5.78	6.43	6.89	28.01	8.28
2047	8.01	16.28	51.20	61.57	23.04	5.77	6.43	6.93	27.34	8.35
2048	8.01	15.60	51.13	60.64	23.02	5.77	6.42	7.13	26.55	8.32
2049	8.01	14.96	51.06	59.72	23.00	5.76	6.42	7.13	25.76	8.35
2050	8.00	14.38	50.99	58.83	22.98	5.78	6.41	7.14	24.95	8.31

外调水方案下,N1 区和 N2 区虽地下水位持续回升,但是全区还未满足天然植被的生态需求。N1 区地下水埋深控制目标为 9m,至 2030 年地下水埋深满足植被生态需求占全区面积的 75%(表 7-15),至 2040 年占全区面积的 78%,至 2050 年占全区面积的 79%。N2 区地下水埋深控制目标为 5m,至 2030 年地下水

埋深满足植被生态需求占全区面积的 37%，至 2040 年占全区面积的 39%，至 2050 年占全区面积的 45%。N3 区地下水补给来源主要来自地下水侧向径流补给，地下水埋深控制目标为 5m，至 2030 年地下水埋深满足植被生态需求占全区面积的 35%。从自然绿洲区地下水埋深图和地下水位变幅图可看出，N1 区和 N2 区地下水位上升区位于白杨河附近，说明河流渗漏量对地下水补给起主要作用。为使该自然绿洲区地下水埋深满足生态需要，白杨河上游应减少引水量，周边人工绿洲区达到采补平衡状态后仍需减少地下水开采。

表 7-15　自然绿洲区植被生态满足率　　　　（单位:%）

年份	自然绿洲区				
	N1	N2	N3	N4	N5
2030	75	37	35	20	47
2040	78	39	35	20	48
2050	79	45	35	20	49

N4 区和 N5 区地下水位回升，主要是由于人工绿洲区 C2 区和 C4 区减少地下水开采，地下水储变量逐年增大，对 N4 区和 N5 区地下水侧向补给量增多。N4 区地下水埋深控制目标为 8m，至 2030 年地下水埋深满足植被生态需求占全区面积的 20%。N5 区地下水埋深控制目标为 8m，至 2030 年地下水埋深满足植被生态需求占全区面积的 47%，至 2040 年占全区面积的 48%，至 2050 年占全区面积的 49%。即使人工绿洲区地下水位明显上升，短期内下游自然绿洲区地下水位也恢复较慢，艾丁湖以北自然绿洲区的保护和恢复将是一个长期过程。为使该自然绿洲区地下水埋深满足生态需要，人工绿洲区 C2 区和 C4 区仍需减少地下水开采。

7.2.4　外调水加退耕减采方案

1. 外调水加人工绿洲区退耕红线方案

前文艾丁湖流域外调水 2.79 亿 m³，自然绿洲区地下水位回升幅度较大，由于地下水埋深基数大，不能满足生态需求。考虑整个流域水文地质条件，设定人工绿洲区 C2 区、C4 区和 C5 区退耕减少到耕地红线，同时实施外调水方案，地下水用水总量见表 7-16。

表7-16　外调水加退耕红线地下水用水总量控制指标　（单位：万 m³）

县城、团场	2018 年	2022 年	2025 年	2026 年	2027 年	2028 年	2029 年	2030 年
高昌区	26 321	21 281	4 546	3 897	3 248	2 601	1 954	1 310
鄯善县	24 910	20 737	4 337	3 713	3 087	2 461	1 833	1 204
托克逊县	16 359	12 778	10 315	9 789	9 263	8 737	8 211	7 685
预留	600	840	900	920	940	960	980	1 000
小计	68 190	55 636	20 098	18 319	16 538	14 759	12 978	11 199
二二一团	272	279	287	290	292	295	297	300
合计	68 462	55 915	20 385	18 609	16 830	15 054	13 275	11 499

　　模拟计算至2050年绿洲区地下水位变化情况，见表7-17。至2030年，自然绿洲区N1区地下水埋深为5.76m，地下水埋深控制目标为9m，满足植被生态需求占全区面积的78%，至2040年占全区面积的79%，至2050年地下水位持续缓慢回升，满足生态需求占全区面积的80%（表7-18）。自然绿洲区N2区至2030年地下水埋深6.50m，至2050年地下水埋深为6.36m，20年时间地下水位回升了0.14m。N2区地下水埋深控制目标为5m，至2030年满足植被生态需求占全区面积的47%，至2040年占全区面积的48%，至2050年占全区面积的48%。N3区地下水埋深控制目标为5m，基本接受地下水侧向径流补给，只在外调水的情境下，该区基本不能满足植被生态需求。同时模拟人工绿洲区退耕耕地红线，自然绿洲区N3区至2030年地下水埋深为6.57m，至2050年地下水埋深为7.11m。至2030年，N3区地下水埋深满足植被生态需求占全区面积的35%，至2040年占全区面积的40%，至2050年占全区面积的39%。

表7-17　绿洲区2018～2050年地下水平均埋深　（单位：m）

年份	地下水埋深									
	人工绿洲区					自然绿洲区				
	C1	C2	C3	C4	C5	N1	N2	N3	N4	N5
2018	9.62	38.27	56.53	77.17	25.87	5.97	6.54	7.53	27.92	8.28
2019	9.58	39.12	56.50	76.88	25.93	7.07	6.63	7.51	27.97	8.24
2020	9.53	39.87	56.46	77.56	25.81	6.54	6.70	7.62	27.48	8.19
2021	9.48	40.52	56.38	78.26	25.68	6.42	6.77	7.54	27.78	8.19
2022	9.42	39.99	56.28	78.68	25.37	7.20	6.84	7.54	27.34	8.16
2023	9.37	39.35	56.17	78.67	24.98	6.71	6.90	7.54	27.40	8.16

年份	地下水埋深									
	人工绿洲区					自然绿洲区				
	C1	C2	C3	C4	C5	N1	N2	N3	N4	N5
2024	9.30	38.63	56.04	78.94	24.61	5.86	6.56	7.00	27.57	8.21
2025	8.85	37.24	55.56	78.01	24.34	6.99	6.64	7.29	27.83	8.20
2026	8.58	35.85	55.15	78.04	24.00	6.49	6.71	7.40	27.88	8.20
2027	8.38	34.50	54.79	77.44	23.69	5.77	6.53	6.90	28.16	8.27
2028	8.25	33.18	54.45	77.23	23.46	6.91	6.61	7.33	28.24	8.22
2029	8.17	31.90	54.14	76.63	23.35	5.86	6.51	6.80	28.14	8.26
2030	8.11	30.64	53.85	76.31	23.21	5.76	6.50	6.57	28.78	8.24
2031	8.08	29.42	53.58	75.39	23.07	5.74	6.48	6.68	28.82	8.23
2032	8.06	28.24	53.34	75.08	22.95	5.74	6.47	6.65	28.70	8.22
2033	8.05	27.11	53.11	74.18	22.83	5.80	6.46	6.88	28.78	8.22
2034	8.04	26.02	52.90	73.28	22.73	5.79	6.46	6.85	29.03	8.21
2035	8.03	24.97	52.70	72.27	22.64	5.78	6.45	6.81	28.98	8.20
2036	8.03	23.97	52.52	71.81	22.55	5.78	6.44	6.77	29.31	8.22
2037	8.03	23.01	52.36	70.55	22.48	5.78	6.43	6.73	29.15	8.20
2038	8.02	22.08	52.20	68.99	22.41	5.79	6.43	6.69	29.05	8.19
2039	8.02	21.19	52.05	67.82	22.35	5.77	6.42	6.77	29.11	8.20
2040	8.02	20.32	51.92	66.60	22.30	5.75	6.42	6.72	28.71	8.17
2041	8.02	19.49	51.79	65.35	22.25	5.76	6.41	6.66	28.39	8.25
2042	8.02	18.68	51.67	64.22	22.20	5.75	6.40	6.73	28.14	8.25
2043	8.02	17.91	51.56	62.86	22.16	5.76	6.40	6.90	27.76	8.29
2044	8.01	17.16	51.46	62.01	22.12	5.75	6.40	6.84	27.15	8.25
2045	8.01	16.44	51.37	60.91	22.09	5.76	6.39	6.98	26.42	8.21
2046	8.01	15.78	51.28	60.19	22.06	5.76	6.38	6.91	25.67	8.20
2047	8.01	15.11	51.20	59.23	22.03	5.75	6.38	7.20	24.91	8.23
2048	8.01	14.50	51.13	57.82	22.00	5.74	6.37	7.20	24.15	8.25
2049	8.01	13.97	51.06	57.20	21.97	5.73	6.36	7.12	23.37	8.29
2050	8.00	13.50	50.99	55.76	21.95	5.73	6.36	7.11	22.60	8.37

表 7-18　自然绿洲区植被生态满足率　　　　　　（单位：%）

年份	自然绿洲区				
	N1	N2	N3	N4	N5
2030	78	47	35	22	48
2040	79	48	40	22	49
2050	80	48	39	23	52

　　自然绿洲区 N4 区地下水历史埋深较深，至 2050 年地下水埋深为 22.60m，主要是由于该区域历史地下水埋深较深，地下水埋深满足植被生态需求需要长时间恢复过程。N4 区地下水埋深控制目标为 8m，至 2030 年，N4 区地下水埋深满足植被生态需求占全区面积的 22%，至 2050 年占全区面积的 23%。N5 区地下水埋深控制目标为 8m，至 2030 年地下水埋深满足植被生态需求占全区面积的48%，至 2040 年占全区面积的 49%，至 2050 年占全区面积的 52%。模型模拟计算结果显示，自然绿洲区 N1 区和 N3 区接近满足植被生态需求，同时地下水没有明显补给来源的地区地下水恢复较慢，需要长时间的调控。

　　2. 外调水加人工绿洲区退耕红线 70% 方案

　　艾丁湖流域在外调水 2.79 亿 m³ 和自然绿洲区退耕到耕地红线情景下，自然绿洲区 N1 区和 N3 区至 2050 年地下水位基本满足生态需求，N2 区地下水主要接受侧向补给，补给量较少，地下水位回升幅度较慢，不能满足植被生态需求，N4 区和 N5 区由于地下水埋深基数大，地下水径流上游区退耕减少到耕地红线，地下水位回升幅度大，仍不能满足生态需求。考虑整个流域水文地质条件，设定人工绿洲区 C2 区、C4 区和 C5 区继续退耕减少到耕地红线 70%，同时实施外调水方案，地下水用水总量见表 7-19。

表 7-19　外调水加退耕红线 70% 地下水用水总量控制指标　　（单位：万 m³）

县城、团场	2018 年	2022 年	2025 年	2026 年	2027 年	2028 年	2029 年	2030 年
高昌区	26 321	20 725	3 990	3 341	2 692	2 045	1 398	754
鄯善县	24 910	20 226	3 826	3 202	2 576	1 950	1 322	693
托克逊县	16 359	12 367	9 904	9 378	8 852	8 326	7 800	7 274
预留	600	840	900	920	940	960	980	1 000
小计	68 190	54 158	18 620	16 841	15 060	13 281	11 500	9 721
二二一团	272	279	287	290	292	295	297	300
合计	68 462	54 437	18 907	17 131	15 352	13 576	11 797	10 021

模拟计算至 2050 年绿洲区地下水位变化情况，见表 7-20。N1 区至 2030 年地下水埋深为 5.77m，2030～2050 年地下水位持续回升，上升幅度 0.05m。N1 区地下水埋深控制目标为 9m，至 2030 年地下水埋深满足植被生态需求占全区面积的 77%，至 2040 年占全区面积的 83%，至 2050 年占全区面积的 86%（表 7-21）。

表 7-20 绿洲区 2018～2050 年地下水平均埋深 （单位：m）

年份	地下水埋深									
	人工绿洲区					自然绿洲区				
	C1	C2	C3	C4	C5	N1	N2	N3	N4	N5
2018	9.62	38.24	56.53	77.17	25.86	5.97	6.53	7.54	27.92	8.28
2019	9.58	39.05	56.50	76.88	25.93	7.07	6.62	7.51	27.97	8.24
2020	9.53	39.74	56.46	77.56	25.80	6.54	6.69	7.47	27.48	8.19
2021	9.48	40.35	56.38	78.26	25.67	6.42	6.76	7.25	27.78	8.19
2022	9.42	39.67	56.28	78.35	25.08	7.20	6.83	7.01	27.46	8.16
2023	9.37	38.93	56.17	78.29	24.47	6.64	6.89	6.82	27.51	8.16
2024	9.30	38.14	56.04	77.84	23.94	5.83	6.55	6.83	27.64	8.21
2025	8.85	36.79	55.56	78.02	23.53	6.92	6.63	6.85	27.85	8.19
2026	8.58	35.44	55.15	77.50	23.14	6.44	6.70	6.75	28.40	8.19
2027	8.38	34.11	54.79	77.01	22.79	5.78	6.51	6.63	28.36	8.26
2028	8.25	32.80	54.45	76.61	22.53	6.90	6.59	6.49	28.27	8.24
2029	8.17	31.52	54.14	76.38	22.45	5.87	6.49	6.51	28.65	8.24
2030	8.11	30.27	53.85	75.42	22.33	5.77	6.47	6.53	28.71	8.26
2031	8.08	29.06	53.58	75.06	22.23	5.73	6.46	6.54	28.73	8.24
2032	8.06	27.88	53.34	74.11	22.13	5.78	6.44	6.55	28.69	8.20
2033	8.05	26.75	53.11	73.09	22.04	5.82	6.43	6.55	28.96	8.19
2034	8.04	25.65	52.90	72.33	21.96	5.78	6.42	6.55	29.02	8.21
2035	8.03	24.58	52.70	71.65	21.89	5.78	6.41	6.70	29.36	8.20
2036	8.03	23.56	52.52	70.36	21.82	5.77	6.40	6.69	29.21	8.22
2037	8.03	22.59	52.36	68.60	21.77	5.77	6.39	6.81	29.00	8.20
2038	8.02	21.66	52.20	67.55	21.72	5.75	6.38	6.78	29.07	8.17
2039	8.02	20.76	52.05	66.38	21.67	5.74	6.37	6.75	28.70	8.22
2040	8.02	19.89	51.92	65.09	21.63	5.72	6.36	6.72	28.46	8.23
2041	8.02	19.05	51.79	64.01	21.59	5.75	6.36	6.69	28.11	8.23
2042	8.02	18.25	51.67	62.97	21.55	5.74	6.35	6.65	27.73	8.26

年份	地下水埋深									
	人工绿洲区					自然绿洲区				
	C1	C2	C3	C4	C5	N1	N2	N3	N4	N5
2043	8.02	17.48	51.56	61.80	21.52	5.73	6.34	6.61	27.12	8.22
2044	8.01	16.74	51.46	60.84	21.49	5.72	6.34	6.57	26.40	8.19
2045	8.01	16.03	51.37	59.99	21.46	5.74	6.33	6.67	25.65	8.21
2046	8.01	15.35	51.28	58.52	21.43	5.73	6.32	6.75	24.90	8.23
2047	8.01	14.73	51.20	57.73	21.41	5.72	6.31	6.70	24.14	8.22
2048	8.01	14.16	51.13	56.41	21.38	5.73	6.30	6.65	23.37	8.33
2049	8.01	13.66	51.05	55.43	21.36	5.73	6.29	6.72	22.59	8.37
2050	8.00	13.23	50.99	54.37	21.34	5.72	6.28	6.89	21.82	8.31

表 7-21　自然绿洲区植被生态满足率　　　　　（单位:%）

年份	自然绿洲区				
	N1	N2	N3	N4	N5
2030	77	47	35	24	48
2040	83	48	38	24	52
2050	86	48	40	25	54

自然绿洲区 N2 区至 2030 年地下水埋深为 6.47m，至 2050 年地下水埋深为 6.28m。N2 区地下水埋深控制目标为 5m，至 2030 年地下水埋深满足植被生态需求占全区面积的 47%，至 2040 年占全区面积的 48%，至 2050 年占全区面积的 48%。N3 区地下水埋深控制目标为 5m，人工绿洲区退耕能增加地下水侧向径流的补给，至 2030 年地下水埋深满足植被生态需求占全区面积的 35%，至 2040 年占全区面积的 38%，至 2050 年占全区面积的 40%。

自然绿洲区 N4 区至 2050 年地下水埋深为 21.82m，人工绿洲区继续退耕减少到耕地红线 70% 和退耕减少到退耕红线对比，地下水位上升了 0.78m，说明含水层无面上补给区的地下水位恢复是非常缓慢的过程。同理，N4 区至 2030 年地下水埋深满足植被生态需求占全区面积的 24%，至 2050 年占全区面积的 25%。N5 区地下水埋深控制目标为 8m，至 2030 年地下水埋深满足植被生态需求占全区面积的 48%，至 2040 年占全区面积的 52%，至 2050 年占全区面积的 54%。

7.3 本章小结

　　基于艾丁湖流域人工绿洲区和自然绿洲区地下水水量水位双控目标，在总量控制方案下，未能满足水量水位需求。一方面，坚持"节水优先和退地优先"的原则，在"三条红线"地下水开采量控制目标下，落实灌溉面积退减和地下水压采目标，采取高效节水、退地减水等措施，减少地下水开采，在人工绿洲区实现采补平衡，在自然绿洲区保证地下水位生态需求；另一方面，充分发挥地表水–地下水联合利用优势，在有外调水情况下，优先供给生活和工业用水，置换农业用水，在实现超采区采补平衡目标的基础上，通过提升人工绿洲区地下水位，使下游自然绿洲区地下水位得到一定程度恢复。人工绿洲区退耕至耕地红线和耕地红线的70%，模拟至2050年，N1区地下水埋深满足植被生态需求占全区面积的72%和76%；N2区地下水埋深满足植被生态需求占全区面积的45%；N3区地下水埋深满足植被生态需求占全区面积的28%；N4区地下水埋深满足植被生态需求占全区面积的14%；N5区地下水埋深满足植被生态需求占全区面积的47%。

　　《艾丁湖生态保护治理规划》（2018年）提出，到2025年，吐鲁番市需外调水2.79亿 m³，主要替换高昌区和鄯善县工业和生活用水。模拟结果显示，至2050年，人工绿洲区达到采补平衡状态，自然绿洲区N1区地下水埋深满足植被生态需求占全区面积的79%；N2区地下水埋深满足植被生态需求占全区面积的45%；N3区地下水埋深满足植被生态需求占全区面积的35%；N4区地下水埋深满足植被生态需求占全区面积的20%；N5区地下水埋深满足植被生态需求占全区面积的49%。外调水结合退耕至耕地红线，自然绿洲区N1区地下水埋深满足植被生态需求占全区面积的80%；N2区地下水埋深满足植被生态需求占全区面积的48%；N3区地下水埋深满足植被生态需求占全区面积的39%；N4区地下水埋深满足植被生态需求占全区面积的23%；N5区地下水埋深满足植被生态需求占全区面积的52%。外调水结合退耕至耕地红线70%，自然绿洲区N1区地下水埋深满足植被生态需求占全区面积的86%；N2区地下水埋深满足植被生态需求占全区面积的48%；N3区地下水埋深满足植被生态需求占全区面积的40%；N4区地下水埋深满足植被生态需求占全区面积的25%；N5区地下水埋深满足植被生态需求占全区面积的54%。

第8章 主要研究成果

艾丁湖流域河-湖-地下水耦合模拟模型及应用研究是在大量已有研究成果的基础上的进一步探索和发展，是在深入分析现有模型优缺点与适用性的基础上，自主开发了一种适用于干旱区内陆盆地地下水与季节性河流、尾闾湖泊、人工绿洲之间的复杂相互作用关系的耦合模型。在艾丁湖流域开展应用，模型实现了流域"出山河流入渗—渠系引水渗漏—绿洲灌溉回归—泉水出流—泉集河汇流—坎儿井开采—机井开采—湖泊耗水—生态植被耗水"等全链条地下水文过程模拟，开展了不同用水方案下的地下水流场变化预测和生态效应评估，为提出艾丁湖流域地下水合理利用方案和生态保护方案提供了重要技术支撑，产出了一系列成果。

8.1 艾丁湖流域基本情况结论

（1）艾丁湖流域降水稀少、蒸发强烈，长期以来在水资源开发利用上形成了以农业经济为主的用水结构，农业用水量占全地区总用水量的90.01%，工业用水量占全地区总用水量的4.13%。长期不合理开发利用水资源，致使艾丁湖入湖水量不断减少，湖面萎缩；地下水位不断下降，生态、生活用水风险增大。流域内地下水严重超采、地下水取水成本大幅增加、地下水面临枯竭的危险，艾丁湖环境恶化已经影响到吐鲁番市经济发展，并已严重威胁到吐鲁番市人民的生活。

（2）野外调查艾丁湖流域自然绿洲区的面积为1323 km²，确定了艾丁湖流域自然绿洲区1∶5万植被类型分布图。流域山区岩石大部分裸露，植被相对稀少；山前倾斜平原个别低洼处生长有零星梭梭、铃铛刺、骆驼刺、盐蒿等灌木草本植被；平原区除人类活动区域内的绿洲外，以荒漠戈壁为主，植被覆盖程度也较低，只在潜水埋深较浅之处生长有片状零星分布的骆驼刺、红柳、白刺、芦苇等耐旱植物。在艾丁湖流域地下水功能分区的基础上，结合行政分区和植被群落，确定了艾丁湖流域地下水生态功能分区，将流域分为人工绿洲区、自然绿洲区和生态敏感区三大区。

（3）艾丁湖流域地下水补给主要来自盆地周边高山融雪形成的河流渗漏，根据盆地内部地下水、人工绿洲、生态植被、尾闾湖泊之间水分转化利用关系复杂、交互作用强烈的特点，自主开发了适用于干旱区盆地地表-地下水分布式模拟 COMUS 模型，实现的特色功能包括基于实现了新疆艾丁湖流域"出山河流入渗—渠系引水渗漏—绿洲灌溉回归—泉水出流—泉集河汇流—坎儿井开采—机井开采—湖泊耗水—生态植被耗水"等全链条地下水文过程模拟。

（4）本次模拟范围为吐鲁番盆地北盆地和南盆地，研究区横向距离 216km，纵向距离 92km，模型网格大小为 1km×1km，网格单层共剖分单元 19 872 个，其中有效模拟单元 9716 个。模型共剖分单元 39 744 个，其中有效网格 19 432 个。模型中将主要源汇项处理为点状和面状两种类型。河道渗漏、渠灌田间渗漏补给、坎儿井井灌回归补给作为面状补给在季节性河流-地下水程序包中自动计算；泉水和坎儿井为盆地重要的地下水排泄项之一；机井开采、自流井开采作为点状排泄使用模型井程序包输入；潜水蒸发在模型中是自适应的面状边界条件，模型运行时根据地下水埋深状况自动进行调整计算。

（5）基于吐鲁番现状年水均衡分析，盆地总补给量显著小于总排泄量，相差 2.48 亿 m^3，主要由地下水超采，消耗地下水储量补充。以 2011 年为起始年份，模型进行地下水稳定流模拟，结合南盆地人工绿洲区地下水位等值线和 2011 年地下水位实测数据进行模型调参，对模型水文地质参数分区和导水系数进行调整，模拟地下水位与观测地下水位等值线分布在人工绿洲区基本一致。

本研究将稳定流模型模拟的地下水流场作为初始条件，利用 2011～2017 年径流和地下水开采资料建立非稳定流模型模拟地下水流场动态变化。模拟结果显示，南盆地恰特喀勒乡、三堡乡、吐峪沟乡和达浪坎乡的人工绿洲区水位下降幅度较大，导致其下游自然绿洲区水位也出现明显下降趋势。高昌区艾丁湖镇、亚尔镇的人工绿洲区整体上水位变化不大。托克逊县博斯坦乡、伊拉湖镇和高昌区葡萄镇、七泉湖镇部分地区以及白杨河下游沿岸的地下水位抬升，主要与阿拉沟、煤窑沟等河流径流量增加，导致河流和渠系入渗增加有关。

（6）基于课题组野外调查自然绿洲区植被类型和现状，划分了流域地下水水量水位功能控制区，基于人工绿洲区地下水用水需求目标和自然绿洲区植被地下水生态水位阈值，综合确定了流域地下水水量水位调控指标。

（7）依托艾丁流域河流-湖泊-地下水耦合模拟模型，在总量控制方案下，模拟坎儿井流量、艾丁湖入湖量及面积的变化和功能区地下水水量水位调控指标。综合提出水资源合理开发方案，分别模拟预测人工绿洲区退耕减采地下水、外调水和退耕结合外调水下，功能区地下水水量水位调控情况。

8.2　COMUS 模型研究成果

（1）艾丁湖流域农灌区自然河道和人工渠道交错分布，本书研发的耦合模型 COMUS 提出了按照指定流量分流和按照分水比分流两种分水方式，并实现了河网中各条河流模拟次序的自动识别功能，用户可以任意顺序输入河段信息并可进行河流的增添和删除，从而大大简化了复杂河网系统模拟的输入准备工作。

（2）COMUS 模型克服了采用有限差分方法模拟湖泊过程中网格划分过于复杂，且收敛不稳定的问题，提出了湖泊模拟的"倾斜湖底网格"法，SLM 中湖底高程在垂向上的离散独立于含水层系统的网格离散，含水层系统的剖分可大为简化，避免了含水层垂向剖分过细导致的地下水单元干-湿转换计算不稳定的问题。

（3）COMUS 模型建立了河道/渠道的拓扑结构，基于输水通道的需水和分水计算，首次采用逆序渠道需水计算方法，实现了灌区干、支、斗渠等复杂渠道系统的渠道引水、输水和不同用水方式的智能化模拟。

（4）坎儿井位于新疆吐鲁番、哈密地区，是我国著名的地下水利灌溉工程。COMUS 模型基于季节性河流模块实现坎儿井的集水输水渠段与地下含水层之间的水量交互关系的刻画，进行了坎儿井的取水、用水和沿途渗漏，以及非灌溉时期的排水入渗过程，实现了坎儿井系统从取水、输水、用水到入渗回补地下水的全部水流过程。

（5）除了艾丁湖，吐鲁番盆地有多条季节性河流，地表水系丰富。单纯的地下水数值模拟很难准确地刻画盆地地下水系统，需综合考虑河流和湖区与地下水系统的相互作用。运用课题组开发的 COMUS 软件构建流域季节性河流-湖泊-地下水耦合模拟模型，借助地下水位统测数据对耦合模型调参，模拟计算的地下水位与观测地下水位等值线分布在人工绿洲区基本一致，耦合模拟模型具有较高的准确性。

8.3　不同用水方案下主要成果

（1）《吐鲁番市用水总量控制实施方案》和《吐鲁番市地下水超采区治理方案》是艾丁湖流域水资源开发和生态保护的水资源开发基础性方案。在总量控制方案基础上，艾丁湖流域地下水合理开发利用与生态保护主要考虑保证艾丁湖的生态需水量、人工绿洲区实现地下水采补平衡以及自然绿洲区地下水埋深满足植被生态需求。模拟预测泉水（包括泉集河）流量和坎儿井流量均增加，主要是由于北盆地胜金乡，南盆地亚尔镇、葡萄镇等地地下水位回升。2018～2030 年，年均入湖水量达 0.58 亿 m^3，艾丁湖平均面积为 5.14km²，说明总量方案控制下，能满足艾丁湖生态需水量。

（2）总量控制方案下，由于超采区地下水在实现采补平衡之前仍处于超采状态，除北盆地外，大部分人工绿洲区地下水位仍呈下降趋势，艾丁湖以北恰特喀勒乡、二堡乡和三堡乡自然绿洲区的地下水位持续下降。但艾丁湖以西艾丁湖镇、夏镇和郭勒布依乡自然绿洲区的地下水位基本处于稳定状态，对于艾丁湖以西自然绿洲区的目标要求地下水埋深满足植被生态需求。总量控制方案下，逐渐减弱但仍然持续的地下水超采状态主要对艾丁湖以北的天然植被造成影响。

（3）外调水方案下，艾丁湖流域地下水储变量是逐年增大的，人工绿洲区地下水埋深逐年升高，艾丁湖入湖水量、湖面面积、泉流量等生态指标满足需求，艾丁湖流域生态环境总体向好的趋势发展；自然绿洲区地下水补给主要来源于火焰山以南人工绿洲区地下水侧向补给，区域现状超采比较严重，侧向径流量较少。自然绿洲区地下水现状埋深较深，还不能全面达到双控方案中植被生态需求。

（4）总量控制方案下，自然绿洲区地下水埋深要满足植被生态需求，起始年为 2022 年，到 2030 年植被缺水量为 1.65 亿 m^3，到 2050 年植被缺水量为 0.48 亿 m^3。模型模拟人工绿洲区退耕至耕地红线，至 2050 年，自然绿洲区 N1 区满足植被生态需求占全区面积的 72%，N2 区占全区面积的 45%，N3 区占全区面积的 28%，N4 区占全区面积的 14%，N5 区占全区面积的 47%。继续退耕到耕地红线 70%，至 2050 年，N1 区满足植被生态需求占全区面积的 76%，N2 区占全区面积的 45%，N3 区占全区面积的 28%，N4 区占全区面积的 14%，N5 区占全区面积的 47%。

（5）外调水方案下，人工绿洲区地下水位至 2030 年基本达到采补平衡，至 2050 年地下水位处于回升状态。自然绿洲区 N1 区至 2030 年地下水埋深满足植被生态需求占全区面积的 75%，N2 区占全区面积的 37%，N3 区占全区面积的 35%，N4 区占全区面积的 20%，N5 区占全区面积的 47%，模拟至 2050 年，所占面积处于增大趋势。

（6）在外调水基础上，模拟人工绿洲区退耕至耕地红线。模拟至 2050 年，自然绿洲区 N1 区地下水埋深满足植被生态需求占全区面积的 80%，N2 区占全区面积的 48%，N3 区占全区面积的 39%，N4 区占全区面积的 23%，N5 区占全区面积的 52%，所占面积处于增大趋势。

（7）在外调水方案的基础上，模拟人工绿洲区退耕至耕地红线 70%。模拟至 2050 年，自然绿洲区 N1 区地下水埋深满足植被生态需求占全区面积的 86%，N2 区占全区面积的 48%，N3 区占全区面积的 40%，N4 区占全区面积的 25%，

N5 区占全区面积的 54%，所占面积增大幅度较退耕至耕地红线大。

（8）在退耕和外调水方案下，自然绿洲区 N1 区地下水埋深满足植被生态需求接近 80%，N2 区和 N5 区地下水埋深满足植被生态需求接近 50%，符合区域生态指标需求。N3 区和 N4 区由于地下水补给条件不好，地下水埋深满足植被生态需求约 30%，继续退耕和外调水加退耕方案下，该区域生态满足率提升不大，地下水埋深需要长时间的恢复过程。

参考文献

曹国亮，李天辰，陆垂裕，等.2020.干旱区季节性湖泊面积动态变化及蒸发量——以艾丁湖为例.干旱区研究，37（5）：1095-1104.

曹文炳.2011.中国区域水文地质.北京：地质出版社.

陈立，刘亮，张明江.2019.艾丁湖流域植被与地下水埋深关系分析.地下水，44（4）：37-39.

陈敏建，汪勇，杨贵羽，等.2018.一种土壤盐渍化临界地下水埋深的计算方法.CN109061105A.

陈世镜.2001.中国北方草地植物根系.长春：吉林大学出版社.

褚敏，徐志侠，王海军.2020.艾丁湖流域地下水超采综合治理效果与建议.国际沙棘研究与开发，12：9-13.

郭占荣，刘花台.2005.西北内陆盆地天然植被的地下水生态埋深.干旱区资源与环境，19（3）：157-161.

国际航业株式会社.2006.中华人民共和国新疆吐鲁番盆地下水水资源可持续利用研究项目（最终报告书数据集）.

郝振纯.1991.地表水地下水耦合模型在水资源评价中的应用研究.水文地质工程地质，19（6）：18-22.

黄金廷，尹立河，董佳秋，等.2013.毛乌素沙地地下水浅埋区沙柳蒸腾对降水的响应.西北农林科技大学学报，11：217-222.

贾利民，郭中小，龙胤慧，等.2015.典型草原区地下水脆弱性评价.人民黄河，8：64-69.

姜松秀，杨英宝，潘鑫.2021.1990—2019年艾丁湖流域城市空间扩展遥感监测.测绘地理信息，46：20-24.

蒋业报，张兴有.1999.河流与含水层水力耦合模型及其应用.地理学报，54（6）：526-533.

李平.2006.地下水环境指标体系研究.北京：中国地质大学（北京）.

李小明，张希民.2003.塔克拉玛干沙漠南缘自然植被的水分状况及其恢复.生态学报，23（7）：1449-1453.

梁匡一.1987.新疆的盐湖及其地质、水文地质条件.干旱区研究，10（1）：1-8.

刘路广，崔远米.2012.灌区地表水-地下水耦合模型的构建.水利学报，43（7）：826-833.

马媛.2012.西北沙漠湖盆区毛细水上升特性及其植物生态学意义——以乌兰布和沙漠吉兰泰湖盆区为例.西安：长安大学.

任建民，张香台，俞兆权.2007.干旱区非地带性植被生态需水量的研究.沈阳农业大学学报，38（3）：383-386.

谢新民，柴福鑫，颜勇，等.2007.地下水控制性关键水位研究初探.地下水，6：47-51.

杨朝晖, 谢新民, 王浩, 等. 2017. 面向干旱区湖泊保护的水资源配置思路——以艾丁湖流域为例. 水利水电技术, 48 (11): 31-35.

张浩佳, 吴剑锋, 林锦. 2015. GSFLOW 在干旱区地表水与地下水耦合模拟中的应用. 南京大学学报, 51 (3): 596-603.

张晓, 董宏志. 2017. 吐鲁番盆地平原区地下水潜力评价. 地下水, 39 (2): 18-20.

赵海卿. 2012. 吉林西部平原区地下水生态水位及水量调控研究. 北京: 中国地质大学 (北京).

赵文智. 2002. 黑河流域生态需水和生态地下水位研究. 兰州: 中国科学院寒区旱区环境与工程研究所.

朱永华, 仵彦卿. 2003. 干旱荒漠区植物骆驼刺的耗水规律. 水土保持通报, 23 (4): 43-45, 65.

Brunner P, Simmons C T, Cook P G, et al. 2010. Modeling surface water-groundwater interaction with MODFLOW: some considerations. Ground Water, 48 (2): 174-180.

Cunningham A B, Sinclair P J. 1979. Application and analysis of a coupled surface and groundwater model. Journal of Hydrology, 43 (1-4): 129-148.

Freeze R A, Harlan R L. 1969. Blue-print for a physically-based digitally simulated hydrologic response model. Journal of Hydrology, 9 (3): 237-258.

Harbaugh A W. 2005. MODFLOW-2005, the US Geological Survey modular ground-water model: the ground-water flow process.

Hughes J D, Langevin C D, White J T. 2015. MODFLOW-based coupled surface water routing and groundwater-flow simulation. Groundwater, 53 (3): 452-463.

Prudic D E. 1989. Documentation of a computer program to simulate stream-aquifer relations using a modular, finite-difference, ground-water flow model.

Prudic D E, Konikow L F, Banta E R. 2004. A new streamflow-routing (SFR1) package to simulate stream-aquifer interaction with MODFLOW-2000.

Robert A Y, John D B. 1972. Digital computer simulation for solving management problems of conjunctive groundwater and surface water systems. Water Resources Research, 8 (3): 533-556.